创新**教学书系**

教育部·中等职业教育改革创新示范教材

西式面点制作
教与学（第3版）

陈怡君●主　编

陶　勇　秦　辉　蒋湘林　程开治●副主编

北京·旅游教育出版社

策　　划:景晓莉　何　玲
责任编辑:景晓莉

图书在版编目(CIP)数据

西式面点制作教与学/陈怡君主编.—北京:旅游教育出版社,2008.11
(2017.1)
(创新教学书系)
ISBN 978-7-5637-1684-5

Ⅰ.西…　Ⅱ.陈…　Ⅲ.面点-制作　Ⅳ.TS972.116

中国版本图书馆 CIP 数据核字(2008)第 146304 号

创新教学书系

教育部·中等职业教育改革创新示范教材

西式面点制作教与学(第 3 版)

陈怡君　主编

陶　勇　秦　辉　蒋湘林　程开治　副主编

出版单位	旅游教育出版社
地　　址	北京市朝阳区定福庄南里 1 号
邮　　编	100024
发行电话	(010)65778403 65728372 65767462(传真)
本社网址	www.tepcb.com
E-mail	tepfx@ 163.com
印刷单位	河北省三河市灵山红旗印刷厂
经销单位	新华书店
开　　本	787 毫米×960 毫米　1/16
印　　张	12.75
字　　数	131 千字
版　　次	2017 年 1 月第 3 版
印　　次	2017 年 1 月第 1 次印刷
定　　价	26.00 元(含光盘)

(图书如有装订差错请与发行部联系)

前　言

2005 年，全国职教工作会议后，我国职业教育处在了办学模式与教学模式转型的历史时期，规模迅速扩大、办学质量需要不断提高已成为中等职业教育教学改革和发展的重要命题。站在新的历史起跑线上，我们开展了饭店服务与管理、烹饪专业校本课程开发的研究工作。在开展课题的过程中，我们开发了烹饪专业的创新教学书系，主要有《热菜制作教与学》《冷菜制作教与学》《食品雕刻教与学》《中式面点制作教与学》《西式面点制作教与学》《西餐制作教与学》。

在教材开发中，我们抓住职业教育就是就业教育的特点，强调对专业技能的训练，突出对职业素质的培养，以满足专业岗位对职业能力的需求。为便于教与学，我们还大胆地进行了教材与教参合二为一的尝试，定位在教与学的指导上，意在降低教学成本，更重要的是让学生通过教与学的提示，明了学习的重点、难点，掌握有效的学习方法，从而成为自主学习的主体。

教材以"篇"进行总体划分，每篇中以"模块"形式串联起各知识点，每个模块均设有知识要点、技能训练、拓展空间、温馨提示、友好建议、考核标准六个部分。知识要点部分，主要介绍必备知识和工具准备；技能训练部分，按操作流程进行讲解，分步骤阐述技能操作的先后顺次、标准及要点；拓展空间部分，为满足学生个性化需求准备了小技能、小窍门、小知识、小故事、小幽默等相关知识和拓展技能，教师和学生可自主掌握；温馨提示部分，是写给学生的学习建议，包括观察的方法、课内外练习的重点、安全与卫生等注意事项，以及为降低学习成本而建议采用的替换原料;友好建议部分,是一个与同行交流的平台,陈述的是教学的重难点、教学的组织、教学的时间安排等。

根据《教育部办公厅关于组织开展中等职业教育改革创新示范教材遴选活动的通知》(教职成厅函[2011]41号)要求,教育部职成司于2013年组织开展了中等职业教育改革创新示范教材遴选活动。本教材于2013年4月入选教育部首批"中等职业教育改革创新示范教材"。

本教材自出版以来市场反响很好,多次加印。面世以来,教材的使用情况良好,一版再版,多次印刷,得到了旅游职业院校的充分认可,教育部改革创新示范教材申报专家及授课教师都对本书给予了较高的评价和积极的鼓励和支持,兄弟旅游院校、行业培训机构也积极选用本教材作为授课教材。本版为第3版。

本书由陈怡君任主编,秦辉、蒋湘林、程开治任副主编,桂林市漓江大瀑布饭店包饼房厨师长陶勇为本书提供了专业指导。本教材由蒋湘林、程开治同志编写,图片由闭春桂和我校优秀毕业生高毅同志拍摄。

由一线教师编著的教材实用性较强,加之与市场接轨和向行业专家讨教,使本教材具有鲜明的时代特点。本教材既可作为烹饪专业学生的专业教材,也可作为烹饪培训班教材。

本教材需420课时(含拓展空间部分灵活把握的80课时),供2年使用,教材使用者可根据需要和地方特色增减课时。

教材的编写是一个不断完善的过程,恭请各位专家、同人对本教材进行批评指正。

作者

目　录

认识西点制作常用设备与工具

一个好的厨师，能否发挥精湛的手艺，要看有没有好的设备与工具做保障。完备的、先进的设备，是制作西点的重要物质条件之一。

好的设备与工具＋精湛的手艺＝优质的产品

用于制作西点的设备较多，即使是同一类型的设备，其外观、构造、性能、质地等也不尽相同。

制作西点的工具，材质有不锈钢、无味塑胶、枣木、锡、纸等，不论是什么材质，都要求无毒、无异味、耐热、不变形、易清洗。

下面将介绍制作西点的常用设备与工具。

一、设 备

1.烤炉

烤炉,又叫烤箱,是生产面包、西点的关键设备之一,为面点成熟工具。烤炉的式样很多,没有统一的规格。按热能来源分,可分为电烤炉和煤气烤炉;按工作原理分,有对流式和辐射式两种;按构造分,有单层、双层、三层等组合式烤炉,此外还有立体旋转式烤炉、平台链条式烤炉等。

远红外线烘烤炉(电烤炉)

2.搅拌机

搅拌机,主要用来搅打蛋糕坯料和奶油浆料,通过快速旋转搅打,改变蛋糕坯料或奶油的内部物理性状结构,形成新的性状稳定组织,方便蛋糕成型。大型搅拌机,适用于搅打10千克以上的原料,如蛋糕坯料,也可搅打奶油;常用的万能搅拌机,适用于搅打5千克以下的原料;小型搅拌机也叫奶油搅拌机,用于搅打鲜牛奶或鸡蛋。

　　大型搅拌机　　　　　　　中型搅拌机　　　　　　　小型搅拌机

3.压面机

　　压面机,由机身、马达、传送带、面皮薄厚调节器、传送开关等构成,有立式和平台式两种。立式的用于压制面团,使其平整无多余气体;平台式多用于制作酥皮和丹麦面皮、牛角包等。

　　　　立式压面机　　　　　　　　　平台式压面机

4.电冰箱

电冰箱,有冷藏和冷冻之分。冷藏箱,能使食品保存在 4℃ 以下,防止细菌生长、食物受损变质;冷冻箱,则用来长时间保存食物或保存冷冻食品。

电冰箱

5.炸炉

炸炉,是烹调食物用的器具,一般以电、气为加热能源,内有类似于恒温器的设施,用来调节温度,有自动炸炉和高压炸炉之分。

炸 炉

6.案台

案台,是做面食、切菜用的板子,下面用支架架起,材质主要有木案台和不锈钢案台等。在这里主要用于做各种西式面点。

不锈钢案台

木案台

7.发酵柜、烤盘架

发酵柜,是醒发面团的专用器具,有温度和湿度调节器。烤盘架,用来放置烤盘和冷却烤好的制品。

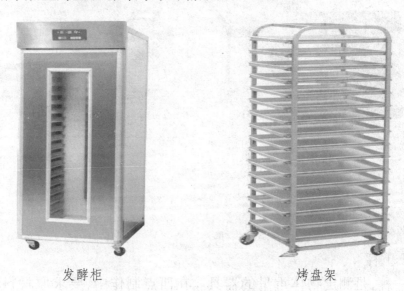

发酵柜   烤盘架

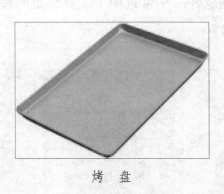

烤　盘

8.切片机、华夫炉

切片机,用于切制面包、吐司,规格多为24片制。用切片机切出的面包比用手工切的更均匀、大小更一致。华夫炉,也叫煎饼炉,用于煎制西饼,为不锈钢机身,有高速电发热管,自带不粘锅面层,清洗时注意不要刮划。

切片机

双头华夫炉

二、工　具

1.秤

秤,是测定物体重量的器具。在西点制作中,要求原材料称量精确,刻度越精细越好。平常选用 1 千克称重的秤即可,常见的有弹簧秤和电子秤两种。

弹簧秤 1

弹簧秤 2

电子秤

2.锅

锅,是炊事用具,多用铁、不锈钢等制成。在制作西点时,常用于煎制食品或煮制各种汁、馅。

矮身锅　　　　　　　　　单柄锅

斜边炒盘(煎盘)

3.量杯、量勺

量杯,是量液体体积的器具,形状像杯,口比底大,多用玻璃或不锈钢制成,杯上有刻度,通常有多种规格可供选择。制作西点时,量杯主要用来称量水、油等液体的体积。量勺,用来量体积极小的液体,分为1汤勺、1茶勺,0.5茶勺和0.25茶勺4种型号。

量　杯

量　勺

4.筛子

筛子,是用竹篾、铁丝等编成的有许多小孔的器具,可以把较细碎的原料漏下去,较粗的、成块的原料留在上头。在面点制作中,常把筛子叫筛网、粉筛,多用于筛制粉状类原料和糊状食品。

筛　网

5.擀面棍

擀面棍,是擀面用的棍儿,通过用棍棒来回碾,使面团延展变平、变薄或变得细碎,有擀面杖、通心槌等不同种类,材质最好为不锈钢或木质,要求结实耐用、表面光滑,可依据制品原料用量选择不同尺寸。在制作西点时,擀面棍常用于擀制酥皮类制品、派塔类制品、丹麦松饼面团及其他小产品。

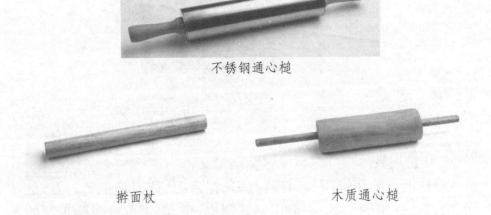

不锈钢通心槌

擀面杖   木质通心槌

6.刮板

刮板,也叫刮刀,有硬刮、软刮、齿刮之分,多用来整形和切割面团,也可以将案台上或和面盆内粘附的面团刮除。硬刮,多用于在案台上切割面团、调制馅心;软刮,用于刮净盆内的面糊或馅心;齿刮,用于刮奶油和巧克力,可利用齿的不同形状和不同密度刮出不同的纹路。

硬刮刮板

软刮刮板

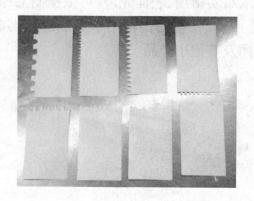

齿刮刮板

7.切铲用具

制作西点的切铲用具,有西点刀、锯齿刀、抹刀和推铲。刀,是切、削、割、砍用的工具,一般用钢铁制成;铲,是撮取或清除东西的用具,带把儿,多为铁制。西点刀,切蛋糕用;锯齿刀,切面包用;抹刀,用于涂抹鲜奶油和果酱、果膏等;推铲,用于巧克力成型或撮取各种薄脆小饼。

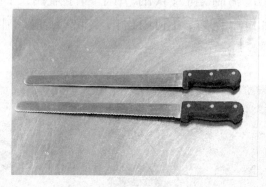

西点刀(上)、锯齿刀(下)

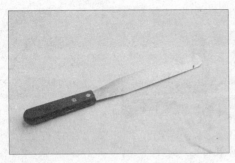

抹　刀　　　　　　　　　　　　　　　推　铲

8.轮刀

轮刀,是用来分切面皮或让西点成型的工具。单轮刀,主要用来切割烤熟的比萨或整形面团,可切出直边或波浪花边;五轮刀,也叫牛角包专用滑刀,可将面皮分切成均等的若干个等腰三角形;牛角包滚刀,多用于切割丹麦面皮和酥皮。

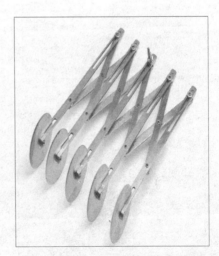

单轮刀　　　　　　　　　　　　　　　五轮刀

牛角包滚刀

9.水果分切和成型工具

用于将各种水果分切或挖制成各种形状,再装饰于制品。

分切工具1

分切工具2

成型工具1

成型工具2

10.裱花工具

裱花工具,是给原始蛋糕坯裱花、装饰的用具。常用的裱花工具,有转盘、裱花袋、裱花嘴等。转盘,用来放置西点原始坯,转动自如,方便裱花;裱花嘴,是裱制各种花卉,挤各种图案、花纹和填馅,以及制作奶油蛋糕不可缺少的工具;裱花袋,主要用来盛装奶油,结合裱花嘴,通过人的握力,让奶油从裱花嘴中挤出,也可用来盛装面糊、果膏等原材料,起到给蛋糕等西点装饰造型的作用。

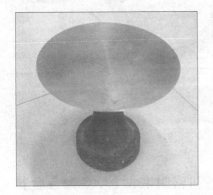

转　盘

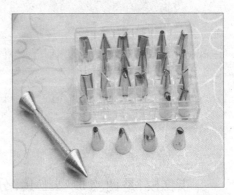

裱花嘴

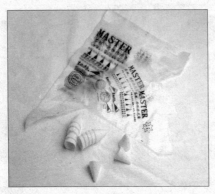

裱花袋

11.派盘

派盘,是西点成型工具,分脱底和密封底两种,多为合金材质,有一层不粘层。盘口直径大小有多种规格。

密封底派盘   脱底派盘

12.蛋糕模

蛋糕模,是西点成型工具,分脱底和密封底两种,多为合金材质,模子直径有多种规格。

密封底蛋糕模子(大)   脱底蛋糕模子

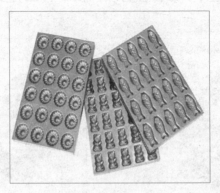

蛋糕模子(小)

13.光吸

光吸,也叫套模,有花吸和圆吸之分,用于套取各种规格和形状的小饼、塔皮、巧克力等西点。

圆吸　　　　　　　　　　　　　　花吸

14.模子

模子,是西点装饰成型用具的一部分,主要用于各种面包、蛋糕、塔等西点的成型,多为合金材质。模子直径有多种规格。

模子1

模子2

模子3

模子4

15.薄饼模

　　薄饼模,用于各种薄饼的成型。它不耐热,不能直接放入烤炉烘烤,只限于生坯成型。

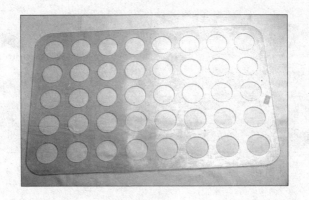

薄饼模

16.布丁、果冻模

布丁、果冻模,用于各种慕斯、布丁、果冻的成型。

布丁、果冻模

17.各种锡模

锡模,用于糕点成型。可以将其直接放入烤炉烘烤或用于装饰制品。

锡模1   锡模2

18.多面刨

多面刨有四个操作面,分别可以将食品原材料加工成不同规格的丝、条、片和屑末。在西式面点制作中主要用来加工柳丁、柠檬。

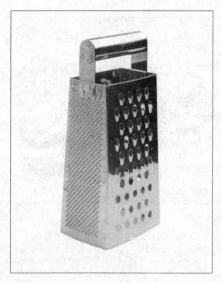

多面刨

19.蛋抽

蛋抽,也叫打蛋刷,是用不锈钢丝卷成环状固定在柄上的一种搅打工具。用来搅打鸡蛋、奶油或者比较稀且分量不多的液体。

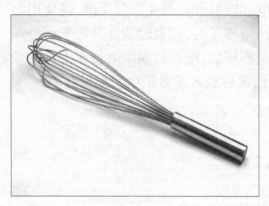

蛋　抽

20.温度计

温度计,是测量温度的仪器,在西点制作中,多用于测量发酵面团、巧克力溶液和一些液体的温度,以利于正确掌握制品的最佳操作时间。

温度计

在使用制作西点的工具和设备前,一定要先了解其性能、工作原理和操作要求,严格按照操作规程使用相关工具和设备。

1.注意使用前后,应及时清洁器械及用具。

2.安全用电、节约用电,避免电器受潮,避免用湿手操作电器。

3.用完不锈钢模子后,应及时清洗并擦干水分。

4.用完木制模子后,应及时剔除附着在上面的杂物,然后用热水洗净,吹干水分,最后放入工具柜中妥善保存。

第一篇

练习制作面包

　　面包是由面粉、酵母、水与盐四种基本原料经过搅拌、发酵、分割、滚圆、松弛、造型、最后醒发、烘烤、冷却等一系列工序,包装而成的蓬松食品。

　　面包制作看起来很简单,实际上,其制作条件相当严格、制作过程相当复杂。

　　制作面包的主要原料是面粉。面粉内除了含蛋白质外,还含有70%以上的淀粉,这些淀粉充塞在面筋网络组织中,面团经酵母发酵而产生二氧化碳、酒精及其他有机酸,被包围在面筋网络内,水分受热后产生水蒸气形成蒸汽压,而将面团逐渐膨大,直至面团中的蛋白质凝固后,不再膨大,烤熟,出炉后即成松软如海绵状的制品,称之为面包。

　　面包一般作为早餐、下午茶点心和中晚餐的配餐及主食,食用时多配以黄油、浓汤。

模块 1　　练习制作软面包

【知识要点】

要点 1：软面包

软面包，指含油脂、糖分较高的面包。通常在和面时加入鸡蛋，在表皮或面包中有馅料。成品味道香、质地软。

要点 2：和面时所需水温的计算公式

和面时所需水温＝面团温度×3－（室温＋面粉温度＋
和面机器所产生的摩擦温度）

要点 3：常用工具

制作软面包的常用工具，有电冰箱、粉筛、搅拌机、秤、片刀等。

一、十字面包

【技能训练】

面包粉 500 克、炼乳 25 克、鸡蛋液 75 克、酵母 40
克、盐 6 克、糖 100 克、黄油 100 克、清水 200 克

1.原料搅拌:将面包粉、炼乳、鸡蛋液、酵母和糖放入搅拌机中搅拌11分钟,成团,最后加入盐、黄油搅拌4分钟至均匀。

2.面团发酵:将面团放入发酵箱中发酵1小时,发酵箱温度控制在27℃。

3.修整成型:将发酵后的面团取出,分割,重量为60克一个,置于案台上松弛5分钟,揉圆成型。

4.二次醒发:将揉好的面团排入烤盘内,放入发酵箱内醒发。将温度控制在27～30℃、湿度控制在60～65度之间,发酵时间约1小时。

5.加以修饰:取出发酵好的生坯,在生坯表面中央用刀或剪刀画一个十字形切口,刷上蛋液,在切口内裱入十字糊或吉士糊,表面可撒少许白糖或酥粒。

6.烘焙成熟:将生坯入炉烘焙。烤炉温度应控制在200℃,烘烤时间约20分钟。

外脆内软　味甜香浓

【拓展空间】

小技能——练习制作雪山皮

用同样的方法可制作很多面包,只是在烘烤前无须剪划切口,而是直接在面包表面挤上一层装饰皮即可变化出不同样子的面包,如制作雪山皮。

配料:奶油85克、细砂糖90克、鸡蛋液85克、面粉100克、泡打粉0.5克、香草粉0.2克、罐装淡奶5克。

制作步骤:将奶油与糖打发至蓬松。分三次加入鸡蛋液,每次加入时一定要搅拌均匀。给面粉、泡打粉和香草粉过筛,慢速加入,混合均匀。最后加入淡奶,混合均匀时马上停机。

【温馨提示】

1.高油脂面团刚和好时会比较稀软,一般需要放置5~10分钟后再进行分割。揉圆后,放入发酵箱中进行第一次发酵。发酵后不宜马上制作,需放至面团表面稍微收干水分后再制作成型。

2.由于面包制作过程较复杂,许多因素都会导致制作失误。常见的失误及其成因有:

第一,颜色太深:糖或牛奶过多,发酵不足(生面团),烘焙时炉内蒸汽不足,炉温过高,烘焙时间太长。

第二,颜色过浅:糖或牛奶太少,发酵过度(老面团),烘焙时炉内蒸汽太大,炉温过低,烘焙时间太短。

第三,皮太厚:糖或油脂不足,烘焙时炉内蒸汽不足,炉温偏低,烘焙时间太长。

第四,出现气泡:液体过多,发酵时湿度偏高,整制成型时面团内夹有过多空气或干粉。

3.学会多制作几种馅心,就会多制作几种不同品种的面包。

【友好建议】

1.指导学生在课内制作面包并达到熟练程度。

2.掌握面包粉的选择要求,让学生学会从面粉的色泽、面筋的强度、发酵的耐力、吸水量、品质的均一性等指标,来判断面粉质量的优与劣。

3.一般安排12个课时:(1)教师示范4课时。(2)学生练习6课时,让学生用同样的面团制作5种花式造型。(3)拓展练习2课时。

二、小餐包

【技能训练】

1.原料搅拌:用搅拌机调制面团,将面包粉、酵母、糖和清水搅拌成团,最后加入盐、黄油搅拌均匀。

2.面团发酵:将面团放入发酵箱,温度控制在27℃,湿度为70~75度,发酵时间约1小时。

3.修整成型:将发酵后的面团取出,分割下剂,每个剂重30克,馅心10克。包入馅心,用无缝包法包成圆形,再切成花形。

4.最后醒发:将面包生坯排列在烤盘内,放入发酵箱中再次醒发,使面团膨胀到原来的2倍。

5.烘焙成熟:入炉前,可在生坯表面刷一层蛋液。烤炉预热至面火190℃、底火200℃,烘烤20分钟。

外脆内软 色泽亮丽

【拓展空间】

小技能——练习制作多样小餐包

用同样的面团,选用不同的馅心或表皮,可做出不同花样的餐包来。

1.练习制作吉士忌廉馅

第一步,将鲜奶 120 克、糖 45 克、盐 2 克搅拌均匀,用中火煮至90℃左右;

第二步,将鸡蛋液 15 克、粟粉 6 克、面粉 6 克搅拌均匀,加到煮热的鲜奶液中,用蛋抽快速搅拌均匀,然后放在小火上继续边搅边煮至凝固状;

第三步,加入奶油 5 克搅匀,煮至沸腾,离火冷却即可。

2.练习制作港式菠萝皮

第一步,将 50 克黄油与 88 克蔗糖搅拌至糖七成溶化;

第二步,将 10 克鸡蛋液、5 克奶粉、色素和 0.4 克溴粉拌匀;

第三步,加入面粉和奶粉,慢速搅拌均匀,不能起筋。

【温馨提示】

1.搅拌完制作小餐包的面团后,一定要测试面筋的起筋程度。可取一小团面做测试,用双手能将其撑成透明的薄膜状即可。

2.一定要在面团起筋后再加入黄油,过早加入会抑制面筋生成。

3.反复练习双手揉搓面团,达到熟练程度。

4.观察天气,适时掌握和面的水量与水温的调节方法。天热干燥时,应增加水量、降低水温;天气阴冷时,应增高水温;下雨时,应减少水量。

【友好建议】

1.在讲授发酵的技能时,指导学生用笔记录下发酵的时间、温度和面团的重量等技能要点,掌握不同面团的发酵要求。

2.一定要在面团起筋后加入盐,这样更能增强和稳定面筋网络。

3.一般安排 12 个课时:教师示范 4 课时,学生练习 6 课时,拓展练习 2 课时。

【考核标准】

考核项目	考核要点	分值
软面包	细腻光滑、软硬适度	20
	形态一致、造型美观	20
	酥、松、软、香	20
	适当点缀	20
	160 分钟内完成	20
总　分		100

模块 2　练习制作吐司面包

【知识要点】

要点 1：吐司面包

吐司面包，是用模子成型的体积较大的面包。有咸、甜之分和有馅、无馅之分。多切片，配以各种黄油、奶酪或果酱食用。

要点 2：常用工具

制作吐司面包时，常用到温度计、粉筛、搅拌机、秤、片刀、发酵箱、烤炉、吐司模等工具。

吐司面包

【技能训练】

原料名称及用量

面包粉 500 克、水 280 克、酵母 15 克、糖 250 克、奶粉 10 克、盐 5 克、鸡蛋 1 个、香粉 2 克、改良剂 5 克、酥油 50 克

1.原料搅拌:把糖、盐、奶粉、水放入搅拌机中并打入鸡蛋,用中速搅拌2分钟。加入面粉、酵母和改良剂,用中速搅拌2~3分钟后改用快速搅拌5~6分钟,至原料光滑均匀有筋性后即可加入酥油,再快速搅拌均匀即可。

2.面团发酵:将调制好的面团放入案台上醒发10分钟,分割成1000克1个的面团,揉圆,置于烤盘中,放入发酵箱中进行发酵。温度控制在25℃、湿度控制在70度,时间1小时。

3.修整成型:取出发酵后的面团,置于案台上,风干3分钟,进行分割,每个重200克。用掌跟压平面团,然后用擀面棍将面团擀长并将空气压出,从上向下卷起,成圆柱形,捏紧收口。依次做完5个,并排放入吐司模中。

4.二次醒发:把成型的面包生坯放在烤盘内,给模子盖上盖子,但不能盖严,应留一条5~8厘米的缝隙。放入发酵箱中再次醒发,温度27℃、湿度65度、时间1小时。

5.烘焙成熟:给烤箱预热,将面火控制在190℃、底火控制在160℃。取出发酵好的面包,放入烤箱烘烤50分钟即可。

外脆内软　甜香可口

【拓展空间】

小技能——练习制作提子吐司

用制作吐司面包的面团可制作提子吐司,具体方法如下:

第一步,先将发酵好的 600 克面团用擀面棍擀成长方形,铺上 100 克糖渍提子,从上向下卷起,成圆形,捏紧收口;

第二步,再用刀将面团切成三股,将三股面并排放好,像辫麻花辫儿一样从面股中段开始,将左边的那股面交错跨过中间一股,再将右边一股交错跨过中间股,反复先左后右至末端。将面股翻过来,编结另一段,将辫好的面从两头向中间折进去,压在下面放进模子中发酵 1 小时;

第三步,最后在表面刷上一层蛋液,再挤上 20 克沙拉酱,入炉烘烤,时间 40 分钟。

【温馨提示】

1.一定要将面团搅打至光滑后再加入酥油,酥油一拌匀就可停机。

2.应均匀分割面团,不然,成品出来会有大有小,不均匀。

3.第二次对吐司进行发酵时,只要发到模子的七八成满即可,发得太过,面包会太空,口感不好。

【友好建议】

1.教师示范时,可用标准重量制作。学生练习时,可适当减少重量,这样既节约成本又不浪费课时。

2.应根据天气冷暖、对酵母用量和发酵时间长短进行适当调节。

3.指导学生从模子盖子所留的缝隙中观察面包的发酵程度,以防面包发酵过头。

4.一般安排 12 个课时:教师示范 5 课时,学生练习 5 课时,拓展练习 2 课时。

【考核标准】

考核项目	考核要点	分值
吐司面包	细腻光滑、软硬适度	20
	形态一致、造型美观	20
	酥、松、软、香	20
	适当点缀	20
	160 分钟内完成	20
总　分		100

模块 3　练习制作千层面包

【知识要点】

要点 1:千层面包

千层面包,是将油脂包进发酵面团中,经过擀制、折叠、发酵而成的多层蓬松制品。

要点 2:千层面包的种类

1.丹麦包:类似于起酥点心,是一种含鸡蛋、油脂稍高,带甜味的擀制而成的面包。

2.牛角包:其外形像牛角,多为带咸味的、擀制而成的面包。卷入的黄油使面包呈现薄层结构。

要点 3:常用设备及工具

制作千层面包时,常用到电冰箱、粉筛、搅拌机、秤、片刀等设备和工具。

一、丹麦包

【技能训练】

面包粉 400 克、牛奶 240 克、酵母 15 克、糖 15 克、盐 10 克、黄油 40 克、起酥油 250 克、鸡蛋 1 个

1.原料搅拌：将面包粉、牛奶、酵母和糖投入搅拌机中，打入鸡蛋，用中速搅拌 8 分钟，加入盐、黄油搅拌 4 分钟至均匀、起筋。

2.面团发酵：将和好的面团用保鲜膜包好，放入电冰箱中冷藏松弛，时间约 2 小时。

3.修整成型：给经松弛冷藏后的面团包入起酥油，先将面团擀成长方形，然后将长边对折成均匀的三等份，再擀开成长方形。然后将长边对折成均匀的四等份，再次擀成长方形，将长边对折成均匀的三等份，共折叠三次。每擀折一次，应根据起酥油的软硬程度放入电冰箱中冷冻 10~25 分钟。

4.再次醒发：面团解冻后成型，放入发酵箱中醒发。将温度控制在 27~30℃、湿度为 70~75 度，发酵时间 1 小时。

5.烘焙成熟：在醒好的生坯表面刷上蛋液，入炉烘焙，炉温控制在 200℃，烘烤时间 20 分钟。

6.最后装饰：烘烤后趁热在成品上刷上一层透明糖衣或枫糖。

外脆内软　色泽亮丽

【拓展空间】

小技能——练习制作透明糖衣

将水250克、糖250克、玉米糖浆500克搅拌均匀,用中火煮至90℃,确保糖完全溶化,制成透明糖衣。趁热使用,或者使用前重新加热。

【温馨提示】

1.冷藏面团时,应将面团擀成长方形再放入电冰箱。同样,应将起酥油切成长方形,才利于擀制成型。

2.反复练习擀制包上起酥油后的面团,达到熟练程度。

3.注意观察面团的软硬程度,适时调节面团温度,掌握面团的冷冻时间。

4.许多甜面包产品,包括大多数丹麦面包产品,都是在烘烤后趁热刷上透明糖衣的。冷却后的丹麦面包产品可以用普通糖霜做糖衣。

【友好建议】

1.多指导学生擀制酥皮,避免将包在面团中的起酥油擀出来,或擀制时起酥油分布不匀。

2.在夏天,擀制丹麦面团时,每擀制一次,必须将面团放入电冰箱中冷藏 10~15 分钟,然后再开始下一次擀制,这样可以避免起酥油因天气原因或擀制时的摩擦力等因素而使油脂熔化进而影响成品质量。

3.擀制时,一定要掌握好擀制的力度,确保起酥油分布均匀。

4.一般安排 12 个课时:教师示范 4 课时,学生练习 6 课时(用 3 课时练习起层擀制,3 课时练习发酵成型),拓展练习 2 课时。

二、牛角包

【技能训练】

原料名称及用量

面包粉 400 克、牛奶 240 克、酵母 15 克、糖 15 克、盐 10 克、黄油 40 克、起酥油 250 克

1.原料搅拌:把面包粉、牛奶、酵母和糖投入搅拌机中,用中速搅拌 8 分钟,加入盐、黄油搅拌 4 分钟至均匀、起筋。

2.面团发酵:将调制好的面团放入发酵箱中发酵,温度控制在 27℃、湿度控制在 70 度,发酵时间 1 小时。

3.修整成型:取出发酵后的面团,置于案台上展开,松弛 15 分

钟。包入起酥油,按丹麦包制作方法折叠三次,放入电冰箱静置 20
分钟。取出面团,擀成 1 厘米厚的薄片,切成等腰三角形,从底边向
上卷起成牛角形。

4.再次醒发:面团成型后,放入发酵箱中醒发,温度控制在 27℃、
湿度控制在 65 度,发酵时间 40 分钟。

5.烘焙成熟:取出发酵好的面包生坯,在常温下风干表面水分,
入炉前刷上一层蛋液。入炉烘烤。炉温控制在 200℃,时间 20～30
分钟。

外脆内软　味香甜酥

【拓展空间】

小技能——练习制作酥皮面包

可用牛角面皮配合低脂面包面皮制作酥皮面包。

制作方法同小餐包的制作方法。无须包馅,做成光头形后,在
上面盖一层牛角面皮,再放入发酵箱中发酵。温度控制方法同牛角
包的制作方法。发酵后,在牛角面皮上刷一层蛋黄液,入炉烘烤。

炉温控制方法同牛角包的制作方法。烤成金黄色即可。

千层面包制作常见问题及解决办法

由于面包制作过程较复杂,许多因素都会导致制作失误。常见问题及解决办法如下:

1.质地过细,气孔紧密:盐太多,应减少食盐量;酵母太少,应加大酵母用量;水分太少,应多加水;发酵或醒发不足,应增加发酵或醒发时间。

2.质地过粗,气孔太大:酵母太多,应减少酵母用量;水分太多,应减少用水量;搅拌时间不够,应增加搅拌时间;发酵过度,应减少发酵时间;醒发过度,应减少醒发时间;烤盘或模子太大,应改换合适的烤盘或模子。

3.条形状裂纹:搅拌不均匀,应增加搅拌时间;装模或成型过程不熟练,应强化训练;撒粉过多,应减少撒粉量。

4.质地松散、易碎:面粉筋性低,应改用筋性高的面粉;盐过少,应加大用盐量;发酵时间太长或太短,应调整发酵时间;醒发过度,应减少醒发时间;烘焙温度太低,应提高炉温。

5.面包屑发灰:发酵时间太长或温度太高,应减少发酵时间或调低炉温。

【温馨提示】

1.擀制酥皮时,可根据案台大小及工具要求来合理分割面团。

2.每次擀制后,应根据面团的厚薄来确定冷藏时间的长短。注意不能冷藏得太硬,否则,擀制时起酥油会裂开,从而影响起层质量。

3.面包制作过程较复杂,许多因素都会导致制作失误,应反复实践、观察、琢磨,掌握常见问题的处理方法。

【友好建议】

1.切三角形时,一定要切成等腰三角形。教师可给学生规定三角形的大小或尺寸,保证成品大小均匀,牛角两边对称。

2.一般安排 6 个课时:教师示范 3 课时,学生练习 3 课时。

【考核标准】

考核项目	考核要点	分值
千层面包	软硬适度、光滑无颗粒	20
	形态均匀、造型美观	20
	层次清晰、色泽一致	20
	卫生无异味、无杂质	10
	点缀适当	10
	120 分钟内完成	20
总　分		100

模块 4 　　练习制作全麦面包

【知识要点】

要点 1：谷物面包

谷物面包，指面包中油脂含量偏少，在面团内经常添加高蛋白、高纤维或富含营养素等天然材料的面包。

要点 2：常用工具

制作全麦面包的常用工具，是温度计、粉筛、搅拌机、秤、片刀、发酵箱等。

全麦面包

【技能训练】

原料名称及用量

面包粉 600 克、水 770 克、酵母 15 克、大麦粉 85 克、黑麦粉 400 克、燕麦粉 125 克、盐 15 克

1.原料搅拌:把面包粉、大麦粉、黑麦粉与燕麦粉过筛。将水与酵母投入搅拌机中,加入粉料用中速搅拌8分钟,最后加盐,中速搅拌4分钟至光滑均匀即可。

2.面团发酵:将调制好的面团放入发酵箱中发酵,温度控制在25℃、湿度控制在70度,时间约1小时。

3.修整成型:取出发酵后的面团,置于案台上展开,松弛15分钟后分割下剂,每剂重约75克。用掌跟压平面团,然后将四周向中心折叠,最后揉成没有缝隙的圆球。

4.最后醒发:给面包生坯表面洒水,粘上杂粮或切割出十字花纹。把成型的面包生坯排列在撒有面粉的烤盘内,放入发酵箱中再次醒发。温度控制在27℃、湿度65度,时间40分钟。

5.烘焙成熟:预热烤箱,放入面包生坯,面火210℃、底火230℃,烘烤40分钟。前10分钟,通蒸汽烘焙;面包烤熟后,熄火,10分钟后出炉。

外脆内软　麦香淡咸味

【拓展空间】

小技能——练习制作全麦料理包

用全麦面包的面团可制作全麦料理包。

在面包成型时,包入馅料如花生、提子、肉松等,包成圆形,沾一层水再滚沾上小黄米,稍稍压扁,在上面加一烤盘再进行发酵及烘烤即可。注意,在包入不同的馅料后,除小黄米外,还可在表面滚沾上麦片、芝麻、全麦粉、花生等。

全麦面包制作常见问题及解决办法

由于面包制作过程较复杂,许多因素都会导致制作失误。从外形看,常见的问题及解决办法有:

1.体积过小:面粉筋性低,应提高面粉的筋度。盐太多,应减少用盐量。此外,也会因酵母太少、液体太少、发酵不足或过度、烘焙温度过高等,使成品体积过小。

2.体积过大:盐过少,应加大用盐量;酵母过多,应减少酵母用量;醒发过度,应减少醒发时间;面剂过重,应改用小个儿的面剂。

3.形状不佳:面粉筋性低,应改用筋性高的面粉;发酵或醒发不足或过度,应调整发酵或醒发时间;液体过多,应减少用水量;装模或整制成型不正确,应调整模子;烘焙时炉内蒸汽太大,应调小蒸汽量。

4.外表裂缝或破孔:面团搅拌过度,应减少搅拌时间;发酵或醒发不足,应增加发酵或醒发时间;装模或整制成型不正确,应调整模子;烘焙时炉内蒸汽不足,应调大蒸汽量;炉温过高或不均匀,应调整炉温。

【温馨提示】

1.从发酵箱中取出面包生坯后,应在常温下放 5～10 分钟,待面包表面稍干后再行烘烤,这样处理过的面包烤好后表面光滑平整。

2.注意调节发酵箱温度,天气热时可不开发酵箱;面团偏软时,应降低湿度或不开湿度调节器。

【友好建议】

1.指导学生反复练习揉包和造型,直至熟练。

2.一般安排 8 个课时:教师示范 4 课时,学生练习 2 课时,拓展练习 2 课时。

【考核标准】

考核项目	考核要点	分值
全麦面包	细腻光滑、软硬适度	20
	形态一致、造型美观	20
	酥、松、软、香	20
	适当点缀	20
	160 分钟内完成	20
总　分		100

模块 5　练习制作油炸面包圈

【知识要点】

要点 1：油炸面包圈

油炸面包圈，指将经过发酵后的面团经过成型、油炸而成的蓬松制品，多为圈状物。

要点 2：油炸面包圈的种类

1. 发酵型面包圈：这类面包圈通常使用甜面包面团，其油脂、糖和鸡蛋含量较少，代表品种是环形面包圈。
2. 蛋糕型面包圈：此类面包圈含糖量较多，面团较硬，多为手工擀制或印压而成。有的制品也添加化学蓬松剂。代表品种为多味面包圈。

要点 3：常用设备工具

制作油炸面包圈时，常用到电冰箱、粉筛、搅拌机、秤、裱花嘴、油纸、油锅等设备和工具。

一、环形面包圈

【技能训练】

原料名称及用量

　　清水 410 克、酵母 35 克、糖 100 克、盐 10 克、鸡蛋液 100 克、黄油 75 克、炼乳 40 克、面包粉 750 克

　　1.原料搅拌:将清水、炼乳、鸡蛋液、酵母和糖投入搅拌机中搅拌均匀,加入面包粉以中速搅拌 7 分钟,最后加入盐、黄油搅拌 4 分钟至均匀。

　　2.面团发酵:将调制好的面团放入发酵箱中发酵,温度控制在 25℃,时间 1 小时。

　　3.修整成型:取出经发酵的面团,松弛 5 分钟,擀成 12 毫米厚,用直径分别为 9 厘米和 3 厘米的圆吸印出环形面皮,或用面包圈切割器切割成环形。

　　4.再次醒发:将生坯排列在撒有面粉的烤盘内,放入发酵箱中醒发,温度控制在 27～30℃,湿度控制在 50%～55%,时间 35 分钟。

　　5.烘焙成熟:预热油温 180℃,放入生坯,炸制成熟,时间 10 分钟。

　　6.最后装饰:炸好的成品可用糖衣、巧克力、细砂糖、椰丝等装饰表面。

外形饱满 色泽金黄

【拓展空间】

小技能——制作面包圈糖衣

将明胶 5 克、水 200 克用中火煮至熔化。再加入玉米糖浆 5 克、细砂糖 100 克搅拌均匀，煮沸，离火冷却即可。也有许多甜面包产品，在制品成熟后趁热刷上一层糖衣，或撒上一层细砂糖。

【温馨提示】

1.应注意，面团中油脂含量越高，油炸时的温度就要越低，以免成品色泽过深。

2.在炸制面包圈时，面包正面应向下，炸至膨胀定型上色后再翻面。

3.应使用醇正、无味的油，保证油品清洁、新鲜，在正确的油温下油炸。一次不可放太多的生坯。

4.给面团印模或切割时，个与个之间应尽量靠近，避免浪费。余料可另外醒发、擀制、成型。

【友好建议】

1.面包圈发酵到八成时,应从发酵箱中取出,在常温下静置10分钟,待面包表面水分稍干后再炸制成熟。

2.应指导学生在面包圈冷却后再装饰,否则,会因为面包圈内部的蒸汽蒸发而浸湿糖衣。

3.一般安排6个课时:教师示范3课时,学生练习3课时,重在发酵与炸制。课后要求学生多用面团进行揉搓和压模成型练习。

二、多味面包圈

【技能训练】

原料名称及用量

面包粉375克、蛋糕粉375克、肉桂粉3克、盐10克、鸡蛋液180克、黄油95克、牛奶300克、糖300克、香草精25克

1.原料搅拌:把面包粉、蛋糕粉、肉桂粉、盐一起过筛。将鸡蛋液和糖放入打蛋桶用中速搅拌10分钟,直至起泡。加入牛奶、香草精、熔化后的黄油,搅拌4分钟至均匀。最后拌入过筛的粉料,慢速搅拌2分钟,至面团光滑均匀即可。

2.面团发酵:将面团放入电冰箱冷藏约1小时。取出置于案台上,松弛15分钟。

3.修整成型:将面团擀成1厘米厚的薄片,用面包圈切割器切割成型。

4.再次醒发:面团成型后,置于撒有面粉的烤盘内,在常温下醒发 15 分钟。

5.烘焙成熟:用 190℃的油温将面团生坯炸 2～3 分钟至成熟。冷却后,撒上糖或涂上其他配料。

外脆内软　色泽亮丽

【拓展空间】

小技能——练习制作法式面包圈

法式面包圈属于蛋糕型面包圈,但它不同于上述面包圈的成型方法。它是将面糊装入挤花袋中挤成环形,再进行油炸。

首先,将水 250 克、黄油 100 克、糖 5 克、盐 5 克放入锅中煮沸;其次,立即加入面粉 150 克,快速搅拌均匀,边搅边加热,至面糊不粘锅且形成一个密实的面团,离火冷却到 50℃时,逐次加入鸡蛋液 150克,直至鸡蛋液被完全吸收即可;最后,将面糊装入挤花袋中挤在油纸或羊皮纸上呈环形,再进行油炸。油炸方法同多味面包圈。

【温馨提示】

1.制作面包圈时,搅拌面团到光滑柔软即可,不要搅拌过度,否则会导致面包圈又干又硬;但是,搅拌不充分,又会使面包圈外表粗糙,吸油过多。

2.在常温下静置10分钟是为了使面筋松弛,没有松弛好的面团会使面包圈发硬,膨胀不起来。

3.擀制面团时,应注意面皮厚薄均匀,且不要粘到案台上。

4.沥油时,先将多余的油滴尽,再将面包圈放在吸油纸上吸干表面油脂,再进行装饰。

【友好建议】

1.一定要精确称量用料,即使是很小的误差,也会影响面包圈的质地与外形。

2.一般安排4个课时:教师示范2课时,学生练习2课时。

【考核标准】

考核项目	考核要点	分值
面包圈	软硬适度、光滑无颗粒	20
	大小均匀、厚薄均匀	20
	外酥内松、不吸油	20
	卫生无异味、无杂质	10
	点缀适当、整体完美	10
	100分钟内完成	20
总　分		100

第二篇

练习制作蛋糕

蛋糕是用鸡蛋、糖、面粉混合调制而成的类似海绵状且口感细腻、松软的一种蓬松食品。

鸡蛋的起发能力决定了蛋糕的品质,它直接影响蛋糊起发。其蓬松原理是将蛋液经过机械或人工的力量进行高速搅拌,使蛋白质发生局部凝结,在气囊四周形成薄膜,将空气包裹起来,随着继续搅打蛋液,外界空气继续混入并被层层包裹使蛋液不断膨胀扩大,变得浓稠和硬化。后经过烘烤,由于蛋白质的泡沫内的气体受热,蛋白质膨胀,遇热变性凝固,从而增大蛋糊的体积,使其变成疏松多孔、柔软可口并富有弹性的制品。

蛋糕是西点中最常见的品种之一,既可作为早、中、晚餐点心,又可作为各种酒会、宴会、派对、庆典及下午茶的点心。

模块 6　　练习制作海绵蛋糕

【知识要点】

要点 1：海绵蛋糕

海绵蛋糕，是用全蛋液与面粉、糖直接混合搅打而成。其结构类似于多孔海绵，具有致密的气泡结构，质地松软而富有弹性。

要点 2：蛋糕成熟方法鉴别

用手轻拍蛋糕表面感觉像按海绵一样，所拍部位会立即回弹，仔细听，有"嘭嘭"的声音；也可将一个细长的竹签斜插进蛋糕内，抽出，看有无面糊粘在竹签上，有则不熟，无则熟透。

要点 3：制作蛋糕的工具要求

制作蛋糕时，应保证搅拌器具清洁、无水、无油、无碱、无杂质，否则会影响制作效果。

要点 4：常用的工具及设备

制作海绵蛋糕的常用工具及设备，有粉筛、搅拌机、秤、量杯、蛋抽、蛋糕模等。

海绵蛋糕

【技能训练】

原料名称及用量

　　鸡蛋液 500 克、糖 200 克、蛋糕油 25 克、色拉油 30 克、蛋糕粉或低筋粉 200 克、清水 50 克

1.原料准备:逐一称好原料,面粉过筛,备用。

2.原料搅拌:将鸡蛋液放入洁净的搅拌器中,加入糖,用中速搅打 5 分钟至糖溶化。

3.面糊起泡:在过筛的面粉中加入蛋糕油,快速搅打 10~15 分钟至浓稠松软状。慢慢加入清水,用慢速搅拌均匀后,再加入色拉油搅拌至均匀。最后分 3~4 次加入蛋糕粉,搅拌 2 分钟至均匀即制成面糊。

4.入模成型:给模子刷油或垫一层高温布,将面糊立即装入模子中,抹平。

5.烘焙成熟:给烤炉预热,面火控制在 190℃、底火控制在 170℃,烘烤时间约 25 分钟。烘焙生坯至熟透,蛋糕表面为金黄色。

口感柔软 细腻香甜

【拓展空间】

小技能——练习制作夹心蛋糕

夹心蛋糕是以海绵蛋糕为糕坯,在海绵蛋糕下层涂抹上一层奶油,均匀摆放水果。大块水果须切片。在水果上面再抹上一层奶油。将上层蛋糕重叠在上面,稍稍压紧,使其平整,经过装饰后,按等分线切块,可由切面看到内部夹心。

【温馨提示】

1.加入糖搅拌时,一定要将糖搅拌至溶化后再改成快速搅打。

2.加入水和色拉油时,一定要先加水,搅匀后才可再加入油。

3.在搅打蛋糊前需给烤箱预热,并根据所烤蛋糕的性质来调节烘焙温度和时间。

【友好建议】

1.搅拌原料时的最佳温度为22℃左右。天热时,可将鸡蛋放在电冰箱内。

2.搅打好蛋糊后应马上入模。蛋糊入模约装7分满即可烘焙。任何迟延都将导致蛋糕成品体积缩小。

3.一般安排8个课时:教师示范3课时,学生练习5课时,练习重点是搅打面糊及烘烤。

【考核标准】

考核项目	考核要点	分值
海绵蛋糕	用料正确、细腻光滑	30
	表面光整、色泽均匀	20
	绵软甜香、无异味	20
	切口平整、厚薄一致	10
	100分钟内完成	20
总　分		100

模块 7 练习制作非全蛋蛋糕

【知识要点】

要点 1:戚风蛋糕

制作这类蛋糕时,一般采用分蛋法,将蛋黄与蛋清分开调制,这样可使油脂增多。其质地非常松软,柔韧性好,水分含量高,口感滋润嫩爽。

要点 2:制作戚风蛋糕和天使蛋糕的异同

戚风蛋糕和天使蛋糕都是用蛋白泡沫制成的,但是,它们的搅拌方法的最后步骤不同。制作天使蛋糕时,将面粉、糖的混合物搅入蛋白里;制作戚风蛋糕时,则将面粉、糖、蛋黄、水和油调制成面糊再搅入蛋白中。

要点 3:如何鉴别蛋泡起发程度

1.用手沾起蛋泡糊,向上一抽,会出现鸡尾状抽条;用嘴轻吹,会呈现一环环的水波状。

2.取一小团蛋泡糊放在装满水的碗里,它会浮在水面,且不散开。

3.把一根筷子插入蛋泡糊中,受四周蛋泡的压力,筷子会直立不倒。

要点 4:常用工具

制作戚风蛋糕的常用工具,是转盘、搅拌机、秤、片刀、裱花嘴、裱花袋、铲刀、剪刀、花托、干净的抹布等。

一、戚风蛋糕

【技能训练】

原料名称及用量

A.蛋黄液 125 克、奶水 175 克、色拉油 125 克

B.蛋糕粉 250 克、泡打粉 12 克、香草精 5 克、糖粉 200 克

C.蛋白液 250 克

D.糖粉 125 克、盐 6 克、塔塔粉 5 克

1.原料准备:逐一称好原料。选用新鲜的鸡蛋。分离蛋白、蛋黄时一定要分干净。将蛋糕粉过筛,备用。

2.蛋黄搅拌:将 A 原料与过筛后的 B 原料放在一个大盆中,搅拌 3 分钟至均匀无颗粒。

3.蛋白搅拌:将 C 原料放入打蛋桶中,用中速搅打 8~10 分钟至湿性发泡,加入 D 原料继续搅打 5~7 分钟到软性发泡时,分 3 次加入糖粉,至干性起发,时间约 5 分钟,用手沾起面糊向上能挑成弯曲鸡尾状即可。

4.面糊搅拌:取 1/3 打发的蛋白,同面糊混合均匀,再倒入余下的 2/3 打发的蛋白,拌匀。

5.入模成型:给模子刷油或垫一层高温布,将面糊立即装入模子,抹平。

6.烘焙成熟:给烤炉预热,将面火控制在 180℃、底火控制在 150℃,烘烤时间约 30 分。

质地松软　柔韧性好

【拓展空间】

小技能——练习制作黑樱桃蛋糕

先把一个直径为 12 厘米的蛋糕坯横向分切成均匀的三片,用糖浆和樱桃酒刷湿。将打发的鲜奶油以樱桃酒调味。取一片蛋糕坯涂抹一层打发鲜奶油,放上一层沥干水的黑樱桃,铺平,再抹上一层鲜奶油。盖上第二层蛋糕。涂抹一层打发鲜奶油,放上一层沥干水的黑樱桃,再抹上一层鲜奶油。盖上第三层蛋糕。将蛋糕顶部和侧面全部覆盖上打发鲜奶油,再用巧克力刨片覆盖蛋糕侧面及空白处,用打发鲜奶调上些巧克力挤上一些玫瑰花,再放上些带枝的黑樱桃即可。

【温馨提示】

1.调蛋黄面糊时,应最后加入蛋黄液,搅拌速度要快,避免面糊起筋。

2.控制好蛋糊的搅打程度。湿性发泡时方可加入糖粉、盐、塔塔粉,继续搅打至干性起发即可。

3.蛋糊搅打好后应马上入模,在模子侧面不要涂抹油脂。

【友好建议】

1.分离蛋白、蛋黄时,一定要分干净。可用分蛋器来分。

2.搅拌蛋黄面糊时,动作要快。要最后加入蛋黄。尽量避免面糊起筋,影响制品口感。

3.一般安排 10 个课时:教师示范 3 课时,学生练习 5 课时,拓展练习 2 课时。练习重点是分离鸡蛋和搅打蛋黄面糊。

二、天使蛋糕

【技能训练】

原料名称及用量

A.蛋白液 500 克、盐 3 克、糖粉 300 克、塔塔粉 7 克

B.蛋糕粉 200 克

C.蛋糕油 35 克

D.香草精 10 克、奶水 70 克

E.色拉油 70 克

1.原料准备:逐一称好原料。选用新鲜的鸡蛋。分离蛋白、蛋黄时一定要分干净。蛋糕粉过筛,备用。

2.原料搅拌:先将 A 原料放入干净的搅拌机内慢速搅拌 3 分钟,加入 B 原料后,用中速搅拌 7 分钟。

3.面糊起泡:再加入 C 原料快速搅打 7 分钟至原料 80% 起发。加入 D 原料以中速搅拌 2 分钟,改用慢速搅拌 3 分钟,最后加入 E 原料慢速搅 2 分钟至均匀。

4.入模成型:给模子刷油或垫一层高温布,将面糊立即装入模子,抹平,表面均匀地撒一层椰丝。

5.烘焙成熟:给烤炉预热,将面火控制在 180℃、底火控制在 160℃,烘烤时间约 25 分钟,至生坯表面金黄即可。

蓬松细腻　色泽均匀

【拓展空间】

小技能——练习制作蛋黄蛋糕

制作天使蛋糕后,可用余下的蛋黄制作蛋黄蛋糕、虎皮蛋糕等。

蛋黄蛋糕的制作方法,同全蛋海绵蛋糕的制作方法。原料及用量分别是:蛋黄液 500 克、细砂糖 150 克、低筋粉 150 克、奶香粉 5 克、液态酥油 50 克。

蛋糕制作常见问题及解决办法

在制作蛋糕时,搅拌和称量原料、烘焙和冷却制品时,常会遇见下列问题:

1.密实厚重:膨胀剂太少,可加大膨胀剂量;糖太多,应减少用糖量;液体太多,应减少水分;起酥油太多,应减少用油量;烤箱温度不够,应调高炉温。

2.粗糙或不规则:膨胀剂太多,应减少膨胀剂量;鸡蛋太少,应加大鸡蛋用量;搅拌方法不正确,应按要求搅拌。

3.质地硬实:面粉蛋白质过多,应选用蛋白质含量较少的面粉;

面粉用量大,应减少面粉量;糖或起酥油太少,应加大投放量;搅拌过度膨胀,应减少搅拌时间。

4. 体积过大:面粉太少,应加大面粉量;膨胀剂太多,应减少膨胀剂用量;烤箱太热,应降低炉温。

5. 形状不均匀:搅拌方法不正确,应按要求搅拌;面糊入模没倒匀,应将蛋糊均匀倒入模子内;烤箱热度不均匀,应调控好炉温;烤架不平,应调平烤架;烤盘或模子凹凸不平,应将烤盘、模子整理清洗干净。

【温馨提示】

1.应按比例要求投放原料,否则会影响成品质量。

2.使用的蛋白里不能有一点蛋黄,否则会影响蛋白的起发程度。

【友好建议】

1. 给蛋糕表面撒椰丝时,一定要撒放均匀。也可用芝麻、肉松、花生碎等代替椰丝。

2. 一般安排6个课时:教师示范2课时,学生练习2课时,拓展练习2课时。练习重点是分离蛋白及搅打蛋白。

【考核标准】

考核项目	考核要点	分值
非全蛋蛋糕	用料正确、细腻光滑	30
	表面光整、色泽均匀	20
	绵软甜香、无异味	20
	切口平整、厚薄一致	10
	100 分钟内完成	20
总 分		100

模块8 练习制作重油蛋糕

【知识要点】

要点 1:重油蛋糕

凡是用油脂做主料常辅以各种果料制作的蛋糕,就是重油蛋糕。

要点 2:重油蛋糕的分类

依据配方油脂比例不同,分为轻油脂蛋糕和重油脂蛋糕两种。

1.轻油脂蛋糕油脂用量占 30%~60%,内部组织松软、较粗糙。

2.重油脂蛋糕油脂用量占 40%~100%,内部组织紧密、口感细腻。

要点 3:常用工具

制作重油蛋糕的常用工具,有搅拌机、粉筛、蛋糕模子、秤、量杯、刀具等。

重油蛋糕

【技能训练】

A.黄油 275 克、盐 4 克、糖粉 360 克

B.鸡蛋液 200 克

C.蛋糕粉 450 克、泡打粉 15 克、香草精 10 克

D.鲜奶 300 克

1.原料准备:逐一称好原料。蛋糕粉过筛,备用。

2.原料搅拌:将 A 原料放入打蛋机中用中速搅打 10~15 分钟至油料部分发泡乳化,松软呈绒毛状,再分次加入 B 原料搅拌 4 分钟至均匀光滑。

3.面糊起泡:加入 C 原料,用中速搅打 3 分钟后加入 D 原料搅打 3 分钟至均匀。

4.入模成型:给模子刷油或垫一层高温布或垫纸盏,将面糊立即装入模子,抹平。

5.烘焙成熟:预热烤炉,将面糊入炉烘焙,温度控制为面火 200℃、底火 180℃,烘烤约 30 分钟。

香甜柔软　气孔均匀

【拓展空间】

小技能——杂果蛋糕

在油脂蛋糕中添加 25% ~ 75% 的水果或果料,即可做出果料蛋糕。

原料名称及用量具体为:黄油 500 克,糖 500 克,香草精 10 克,鸡蛋液 500 克,中筋粉 500 克,葡萄干、枣、糖胶樱桃、柠檬皮丝、核桃仁、杏仁合计 500 克,白兰地 20 克。

先洗净水果和坚果,将蜜饯沥干糖渍,枣切块,葡萄干用白兰地酒浸泡。将黄油与糖、香草精放入打蛋桶内,用中速搅打 8 分钟至发泡松软呈绒毛状。分次加入鸡蛋液,搅拌 3 分钟至均匀。加入 400 克面粉搅打至均匀,余下 100 克面粉与果料混合均匀后拌入面糊中。在铺有油纸的模子中倒入原料,刮平,在表面撒上杏仁。入炉烘焙,炉温控制在面火 180℃、底火 170℃,烘烤 40 分钟。成品冷却后,用透明糖胶涂抹在蛋糕表面。

【温馨提示】

1.要选用可塑性、融合性好,熔点较高的油脂,一般多用黄油。

2.制作时,应做到严格控制原料投放时间、搅拌时间、烘焙时间,以保证成品品质。

3.打好蛋糊后应马上入模。蛋糊入模约装 7 分满即可烘焙。任何延迟都将导致蛋糕成品体积缩小。

【友好建议】

1.搅拌时,一定要将油脂乳化到松软呈绒毛状后才可分次打入鸡蛋。

2.一般安排 10 课时:教师示范 4 课时,学生练习 4 课时,拓展练习 2 课时。练习重点是面糊搅打及入炉烘烤。

【考核标准】

考核项目	考核要点	分值
重油蛋糕	软硬适度、光滑无颗粒	20
	形态均匀、造型美观	20
	色泽一致、酥香松软	20
	符合卫生标准、无异味	10
	点缀适当、整体效果好	10
	120 分钟内完成	20
总　分		100

模块9　练习制作主题蛋糕

【知识要点】

要点1：主题蛋糕

主题蛋糕,也叫艺术装饰蛋糕,它以烘托节日气氛、表现节日内容为主,有一定主题,形式多样,以平面或立体形式表现,有单层或多层表现手法。

要点2：主题蛋糕的种类

1.节日蛋糕:以烘托节日气氛、表现节日内容为主的有一定主题的喜庆蛋糕。有单层或多层。

2.生日装饰蛋糕:围绕生日主题,以形式多样、平面或立体的形式表现的蛋糕。

3.多层蛋糕:以多个蛋糕坯经过装饰后直接组装在一起的一种多层蛋糕。用于婚礼、庆典、酒会等大型典礼上。

要点3：常用工具

制作主题蛋糕的常用工具,有转盘、搅拌机、秤、片刀、裱花嘴、裱花袋、铲刀、剪刀、花托、干净的抹布等。

一、黑森林蛋糕

【技能训练】

巧克力蛋糕坯 1 个、巧克力蛋卷 1 条、鲜奶油 1 支、巧克力刨片 100 克、糖浆少许、甜味黑樱桃 250 克、樱桃酒少许

1.蛋糕准备:把蛋糕坯分切成均匀的三片,每片用糖浆和樱桃酒刷湿。

2.奶油搅打:打发鲜奶油并以樱桃酒调味。

3.修整夹层:取一片蛋糕坯涂抹一层打发鲜奶油,放上一层沥干水的黑樱桃,铺平,再抹上一层鲜奶油;盖上第二层蛋糕,涂抹一层打发鲜奶油,放上一层滤干水的黑樱桃,再抹上一层鲜奶油;盖上第三层蛋糕,将蛋糕顶部和侧面全部覆盖上打发鲜奶油。

4.装饰定型:将巧克力奶油定型放在蛋糕上,并用巧克力片装饰蛋糕侧面及空白处即可。

整体美观　主题清晰

【拓展空间】

小技能——巧克力脆皮蛋糕

除了将巧克力刨片后粘于蛋糕表面外,还可将巧克力直接熔化或与奶油一起来制作脆皮蛋糕。

先用一个直径 12 厘米的蛋糕坯,从中间分开,用糖浆湿润剖面,并夹入一层杏仁果。后在蛋糕的表面和侧面用掺有巧克力酱的鲜奶油均匀地涂抹一层,放于线架上。再将200克巧克力隔水搅化至光滑,倒于蛋糕表面,用抹刀抹平,并轻敲蛋糕,使巧克力均匀流满整个蛋糕,冷却至定型。最后将蛋糕从线架上取下,用稍热的小刀将底部边缘修整好,在蛋糕表面稍做装饰即可。

【温馨提示】

1.用抹刀抹面时,刀身应与蛋糕表面平行。抹侧面时,抹刀应与蛋糕侧面呈35度角。

2.蛋糕的每一层均用樱桃酒调过味的糖浆湿润。

3.应给黑樱桃沥干水,避免水分过多破坏蛋糕质地。

【友好建议】

1.糖浆中樱桃酒的调配比例应为10%。少则无味,多则糖浆太稀会破坏蛋糕质地。

2.树根状巧克力蛋卷的大小,应占蛋糕表面积的1/3以上。

3. 一般安排6课时:教师示范3课时,学生练习3课时,拓展练习2课时。

二、儿童生日蛋糕

【技能训练】

原料名称及用量

海绵蛋糕坯1个、鲜奶油1支、熔化巧克力少许、食用色素少许、杂果罐头少许、饼干适量

1.蛋糕准备:把蛋糕坯分切成均匀的两片。

2.奶油搅打:打发鲜奶油。

3.修整夹层:取一片蛋糕坯涂抹一层打发鲜奶油,放上一层沥干水的罐头杂果,再抹上一层鲜奶油。盖上第二层蛋糕。将蛋糕顶部和侧面全部覆盖上打发鲜奶油。

4.装饰定型:在蛋糕坯中间用饼干搭一个小房子,一侧挤上些向日葵花,小房子前挤上1~2个小动物。

5.最后修饰:用10齿裱花嘴在蛋糕侧面挤上一些花纹即可。

生动活泼　搭配合理

【拓展空间】

我们还可以根据过生日的人的属相,在蛋糕上挤出12生肖图案。

试试挤条"小龙"——蛇

1.用中号圆形裱花嘴,装好打发的鲜奶油。

2.先制作蛇身体的前半截。将裱花嘴向上绕两圈2~3厘米呈

120 度角,一提,挤出三角形头部,再将裱花嘴插入蛇身体前半截的开头处,向外带出"S"形尾部。

　　3.用巧克力酱细裱出嘴巴、眼睛和蛇身上细小的花纹,用橙色或绿色喷粉上色,最后用红色果酱在嘴巴前端拉出蛇芯子即可。

【温馨提示】

　　1.蛋糕表面与侧面涂抹的鲜奶油应平整光洁,无蛋糕屑。
　　2.小房子、小动物和花应形象、精细,比例适当。
　　3.使用抹刀抹面时,刀身应与蛋糕表面平行。抹侧面时,抹刀应与蛋糕侧面呈 35 度角。

【友好建议】

　　1.指导学生反复练习给蛋糕分片和给鲜奶油调色,注意鲜奶油上色 2 小时后色泽会变深。
　　2.使用基本制作方法,根据不同年龄消费者要求,练习制作生日蛋糕。
　　3.构图应活泼可爱,整个蛋糕的颜色不应超过 5 种。
　　4.一般安排 8 课时:教师示范 3 课时,学生练习 3 课时,拓展练习 2 课时。

三、双层蛋糕

【操作流程】

原料名称及用量　　海绵蛋糕坯 2 个,鲜奶油 1 支,食用色素适量,巧克力花、鲜花、新鲜水果各适量,绸带适量

1.奶油搅打:打发鲜奶油。预先处理好巧克力花、鲜花和新鲜水果,备用。

2.修整夹层:依次用鲜奶油将2个蛋糕坯表面和侧面抹平,做到平整光洁,无蛋糕屑,并放入相应的模板上。

3.装饰定型:使用12齿裱花嘴给2个蛋糕侧面挤上相同或不同的花边。

4.最后修饰:将巧克力花、鲜花、新鲜水果以蛋糕架支柱为中心,有序地摆放到蛋糕表面。将装饰好的蛋糕按先大后小的顺序组装好,用绸带给模板底边稍加装饰即可。

色彩鲜艳　搭配合理

【拓展空间】

小技能——练习制作糖霜

1.取吉利丁片10克,用水30克浸泡30分钟,加入麦芽糖30克,隔水加热至溶化。加入白油15克混合均匀。

2.将混合好的液体倒入300克糖粉中,再均匀加入200克糖粉揉搓至糖皮拉不断为佳。

3.包好糖皮,放置24小时后才可使用。

4.有很多饼店常用糖霜来制作装饰蛋糕,且制作出的花卉、动物、拉丝立体感强,并能延长存放期限,是制作各式庆典蛋糕的主角。

【温馨提示】

1.装饰用新鲜水果和鲜花一定要经过处理后再使用,并确保预先处理好的巧克力花、鲜花、新鲜水果完整。

2.装饰蛋糕的主题与构思,应与节日氛围和消费对象身份相符。

3.制作立体多层蛋糕时,蛋糕坯应一层比一层小,整体构图应与顶层装饰物相呼应。

【友好建议】

1.每一层蛋糕切面均要用樱桃酒调味的糖浆湿润。糖浆中樱桃酒的比例一般为10%。少则无味,多则糖浆太稀并会破坏蛋糕的质地。

2.使用拉糖花、巧克力花装饰时,应提前1~3天将备料制作好,到时直接组装即可。

3.由于制作时间长,打发的鲜奶油易老化或溶化,应保证鲜奶油及操作间温度在22℃左右。必要时,应随时将鲜奶油放置在电冰箱中。

4.一般安排8课时:教师示范3课时,学生练习3课时,拓展练习2课时。

【考核标准】

考核项目	考核要点	分值
主题蛋糕	主题鲜明、层次分明	20
	平整光洁、线条清晰流畅 造型美观、形态均匀	30
	装饰恰当、不超 5 种颜色	10
	符合食品卫生法 食用色素用量达标	30
	100 分钟内完成	10
总　分		100

第三篇

练习制作塔与派

塔与派多属于混酥类点心,以油脂和面粉为主要原料混合制成面坯,配以各种馅料制作成的一种盘状制品。可作为早、中、晚餐点心食用,也是零食和各种酒会、宴会、派对、庆典及下午茶的必备点心。

模块 10　练习制作塔类西点

【知识要点】

要点 1:塔

塔,是以油酥面团为坯料,借助模子,通过制坯、烘烤、装饰等工艺而制成的内有馅料的一类较小型的点心。其形状可随模子的变化而变化,外面多以水果精心点缀。

要点 2:常用设备工具

制作塔类西点时,常用到电烤炉、通心槌、搅拌机、小纸花杯、抹刀、塔盏(成型模子)、裱花嘴、裱花袋、食用色素等设备工具。

一、层酥蛋塔

【技能训练】

皮料:面粉 500 克、黄油 75 克、清水 250 克、盐 10 克、卷入用黄油 300 克

馅料:鸡蛋 8 个、开水 500 克、糖 250 克、牛奶 120 克、玉米淀粉 5 克、蛋奶香精 2 克

1.原料准备:逐一称好原料,将面粉过筛,备用。

2.水皮面团调制:将面粉与盐混合,置于案台上,开凹,加入熔化的黄油和水,揉搓成光滑的面团,静置15分钟。然后将面团擀成一个大长方形(长6厘米×宽3厘米),放入电冰箱冷藏25~30分钟。

3.酥心的调制:将黄油揉软,用保鲜膜包住,用擀面杖敲打成平整的长方形(长3厘米×宽1.5厘米),放入电冰箱冷藏25~30分钟。

4.开酥:取出水皮面团和酥心,把酥心放在面皮上,用水皮包住酥心,压紧边缘。用擀面杖将水皮擀成长方形,折叠成均匀的三等份,再擀开成长方形,对折成四等份,再擀开成长方形,再折叠成均匀的三等份,置于电冰箱内冷藏20分钟,静置松弛。

5.成型:取出已开好酥的面团,擀成0.5厘米厚的薄片,静置5分钟,让面皮松弛。准备直径10厘米的塔盏,用12厘米的圆吸印出面皮。将面皮按压于塔盏内,备用。

6.调馅:将开水与糖搅拌至糖溶化。打匀鸡蛋,与糖水和牛奶混合均匀,最后加入淀粉调匀,过筛。将馅料倒入塔盏内的面皮上至8分满。

7.烘烤:将生坯放入烤炉,保证面火190℃、底火200℃,烘烤20~23分钟到馅料凝固即可。

层次明显　口感嫩滑

【拓展空间】

也可以选用新鲜水果来制作塔类点心,配以鲜奶油,外酥内滑还有水果味。

新鲜水果塔的制作方法

1.选用事先烤好的塔盏,打发鲜奶油,将水果洗净切好。

2.用 10 齿裱花嘴给塔盏内挤满鲜奶油,饰以切好的水果,表面刷一层透明果胶即可。

【温馨提示】

1.在揉制和擀制层酥面团时,应将温度保持在 15~20℃之间。

2.擀制好层酥塔皮后,除擀成片状用圆吸印出面皮外,还可直接将面皮卷起呈圆柱形,冷藏后用刀沿横截面切成 0.5 厘米厚的面片,有异曲同工之妙。

3.把塔皮放到塔盏后,将边角凸形花纹压实,使花纹稍高出盏边。否则,烘烤时塔皮会回缩,馅料会溢出。

4.烘烤蛋塔时,尽可能在蛋糊馅料一凝固时就从烤箱中拿出,以防蛋糊馅料老化,制品表面不光滑、塌陷。

【友好建议】

1.面皮应调制得稍软些,方便包入黄油后进行擀制。

2.夏天擀制面皮时,每擀制一次,就必须将面团放入电冰箱中冷藏 10~15 分钟,再进行下一次擀制,这样会避免黄油因天气、擀制时的摩擦力等因素造成油脂熔化而影响成品质量。

3.擀制面皮时一定要把握好擀制力度,确保起酥油分布均匀。

4.一般安排 8 课时:2 课时,教师进行讲解示范;3 课时,重点进行品种制作练习;3 课时,进行创新品种制作练习。

【考核标准】

考核项目	考核要点	分值
层酥蛋塔	细腻、光滑、无颗粒、软硬度合适	30
	大小一致、造型美观	20
	层次鲜明、色金黄、色泽均匀 馅料柔软细滑 塔皮酥脆有韧性、味甜香	15
	馅心挤制适中	15
	100分钟内完成	20
总　分		100

二、松酥椰塔

【技能训练】

皮料:面粉250克、黄油150克、香草粉2克、盐2克、糖100克、鸡蛋液50克

馅料:椰蓉375克、水200克、糖150克、吉士粉50克、黄油150克、泡打粉7克、鸡蛋4个、面粉100克

表面用料:香橙果酱30克

1.原料准备:逐一称好原料,给面粉过筛,备用。

2.调制面团:将黄油置于案台上,加入糖、盐和香草粉混合均匀,加入鸡蛋液和面粉混合揉搓至光滑均匀,调成面团。将面团放入电冰箱冷藏约30分钟。

3.调制馅心:打蛋成液,和其他馅心原料放入一个大盆内搅拌至均匀,静置1小时。让水分、蛋液被椰蓉完全吸收即可。

4.捏制塔盏:取出面团,分成重30克一个的面剂。准备直径为10厘米的塔盏,取一个面剂放入塔盏内,用大拇指和食指将面剂均匀地推捏满整个塔盏。

5.添馅:在裱花袋内装入椰蓉馅,依次挤入推捏好的塔盏内,至九成满,再在面上挤上香橙果酱。

6.烘烤:将塔盏放入烤炉,保持面火190℃、底火160℃,烤至原料上色熟透即可。

外酥内软　椰香味浓

【拓展空间】

用此法捏好塔盏,通过变化馅心可制作出风味各异的塔点。

【温馨提示】

1.应当用慢速搅拌酥松面团,防止面团过度生筋、油脂快速熔化。

2.应将烤箱预热到200℃,因为初始的高温有助于使底层塔皮酥脆,避免被馅料浸泡后变潮。

3.调制椰蓉馅时,应注意不要搅拌过度,因为这样会使馅料中的面粉起筋,成品馅心偏硬,影响制品的口感。

【友好建议】

1.练习捏塔盏时,可用一般的温水面团进行,以降低练习成本。

2.一般安排7课时:2课时,教师进行讲解示范;3课时,重点进行品种制作练习;2课时,进行创新品种制作练习。

【考核标准】

考核项目	考核要点	分值
松酥椰塔	细腻光滑、软硬适度	30
	大小一致、外形饱满	20
	色泽均匀、皮酥馅香	15
	馅心挤制适中	15
	100分钟内完成	20
总　分		100

模块 11　练习制作派

【知识要点】

要点 1：派

派，是用扁平的圆盘子，铺上酥松面皮，填入各种馅料制成的一种西饼。

要点 2：制作派的常见错误及原因

1.面团硬：可能是因为油脂太少，液体不足，面粉筋性太大，搅拌过度，擀制时间太长或使用碎料太多，水分过多。

2.未成酥皮状：可能是因为油脂不足，油脂搅拌过度，面团搅拌过度或擀制太久，面团或配料温度过高。

3.底层潮湿或不熟：可能是因为烘烤温度过低，派底温度不够，填入了热馅料，烘焙时间不够，面团种类选择不当，水果派的馅料中淀粉量不足。

4.面皮收缩：可能是因为面团揉制过度，油脂不足，面粉筋性太大，水分过多，面团拉扯过多，面团醒发时间不足。

5.馅料溢出：可能是因为顶部派皮未留气孔，上下皮接合不紧，烤箱温度过低，水果过酸，填入了热的馅料，派馅中淀粉量不足，派馅中糖量过多，馅料过多。

要点3:常用工具

制作派类西点时,常用到搅拌机、通心槌、擀面杖、抹刀、锯齿刀、裱花嘴、裱花袋、派盘等工具。

一、松酥苹果派

【技能训练】

皮料:低筋面粉250克、起酥油175克、清水75克、盐5克、糖15克

馅料:苹果450克、黄油15克、糖45克、水30克、玉米淀粉15克、肉桂粉2克

1.原料准备:逐一称好原料,面粉过筛,将盐、糖放入清水中溶解备用。

2.调制面团:将起酥油切粒揉入面粉中,使油脂成豌豆般大小后再放入盐糖溶液,轻轻搅拌至水被完全吸收。给面团盖上保鲜膜,放入电冰箱静置4小时。

3.调制馅心:给苹果去皮、去核铰成泥,将水、糖、黄油煮开,加入苹果泥搅拌均匀,再加入玉米淀粉等配料,煮至苹果泥成浓稠状即可。

4.成型:将面团取出,分成两份,再将面团擀成面积为20平方厘米大的面皮放入盘中,再用擀面杖将边角压实。

5.填馅:将苹果馅平铺在面皮上。取一块面团擀切成0.3厘米

厚、2.5 厘米宽的面条,纵横交错铺于苹果馅上成菱形格子,刷上蛋黄即成生坯。

6.烘烤:将生坯放入烤炉内,保持面火 210℃、底火 220℃,烘烤 10 分钟后降低炉火,再用面火 165℃、底火 175℃继续烘烤 10~15 分钟即熟。

香甜味浓　酥脆可口

【拓展空间】

用同样方法,通过更换馅料即可制成新的西饼。如用蛋乳泥作馅料就变成了蛋乳泥派。

蛋乳泥派的用料及制作方法如下:

1.将牛奶 200 克与白糖 25 克煮沸。

2.将蛋黄 8 个、全蛋 4 个、玉米淀粉 16 克和糖 25 克搅拌至光滑。

3.把鸡蛋混合液慢慢倒入热牛奶中,不断搅拌,边加热边搅拌,至混合液沸腾后,熬至稍微黏稠,撤火,冷却即可。

【温馨提示】

1.低筋粉是制作派类西饼的最佳原料,它既易于擀制和成型,又能保证成品足够酥松。

2.和面时,注意不要过度搅拌,否则会起筋影响成型。

【友好建议】

1.面粉与油脂稍加拌和即可,让油脂仍呈颗粒状,这样可以保证口感酥松。

2.将面皮放到派盘后,应将周边角压实,切忌拉拽,否则,烘烤时面皮会回缩。

3.烘烤生坯时,开始要用高温,让馅料快速凝固,使面皮有酥脆感。

4.一般安排8课时:3课时,教师进行讲解示范;1课时,进行派盘成型练习;2课时,重点进行品种制作练习;2课时,进行创新品种制作练习。

二、新鲜草莓派

【技能训练】

皮料:糕点粉 250 克、黄油 175 克、清水 65 克、盐 5 克、糖 15 克

馅料:草莓 410 克、冷水 250 克、糖 400 克、玉米淀粉 60 克、柠檬汁 30 克、盐 3 克

1.原料准备:同苹果派的制作方法。

2.调制面团:同苹果派的制作方法。

3.调制馅心:将草莓洗净搅成泥,水、糖煮开后加入草莓泥搅拌均匀,再加玉米淀粉等辅料煮成浓稠状即可。

4.成型:将面团取出分成两份。将面团擀成面积为23平方厘米大的面皮,放入盘中。用擀面杖将面皮边角压实,再用叉子刺穿面皮,后用另一个派盘盖在面皮上,使派皮夹在中间。

5. 烘烤:将派盘倒扣在烤盘中,然后放入烤炉中烘烤,保持面火220℃、底火230℃,烘焙10~15分钟,再取下上面的派盘,烤至原料上色即可。

6.装饰:将鲜草莓馅填入烤熟的面坯上,抹平,再放入电冰箱内冷藏2小时即可切件。

外酥内软 果香浓郁

【拓展空间】

用此方法,通过变化馅心可制作出不同风味的派,如蓝莓派、香橙派等。

【温馨提示】

1.在揉制面团和面团成型中,应将温度控制在 15~20℃之间。

2.将面皮放入派盘后,一定要用叉子刺穿面皮,使中间的空气排出。

3.将面皮放到派盘后,应将边角压实,但不能拉拽,否则烘烤时派皮会回缩。

【友好建议】

1.食用时再填入馅料,以防派皮被浸湿。

2.在添入新鲜水果后,一定要在水果表面刷上一层透明果胶或糖浆,以增加水果的光亮度,还可避免水果变色或干枯。

3.一般安排 7 课时:2 课时,教师进行讲解示范;3 课时,重点进行品种制作练习;2 课时,进行创新品种制作练习。

【考核标准】

考核项目	考核要点	分值
派	细腻光滑、软硬适度	30
	大小一致、造型美观	10
	色泽均匀、为金黄色	15
	馅心挤制适中	10
	装饰美观	15
	60 分钟内完成	20
总　分		100

第四篇

练习制作泡芙

泡芙一般分为圆形和长形两种,随着人们审美水平的提高及烹饪工艺的不断改进,泡芙的形状及烹饪工艺有了很多变化,从简单的图形到阿拉伯数字造型再到各种组合图案,可谓应有尽有。

泡芙外表松脆,色泽金黄,有花纹,形状美观。其本身没有任何味道,主要靠各种馅心来调节口味。常用的馅心有鲜奶油、吉士酱、各种布丁、巧克力、奶皇馅等甜香肥滑的原料。

泡芙多作为午、晚餐的点心及艺术蛋糕的装饰品,非常适合老人和小孩食用。

模块 12　　练习制作泡芙

【知识要点】

要点 1:泡芙

泡芙,也称卜呼、空心饼、气鼓等,是用水或牛奶、黄油、鸡蛋制成的带馅点心。

要点 2:泡芙品质的特点

泡芙外脆里糯,绵软、香甜,肥滑,色泽金黄,外形美观。

要点 3:泡芙常用馅心

制作泡芙常用鲜奶油、黄油忌廉、香草忌廉、巧克力忌廉等馅心。

要点 4:泡芙常用装饰原料

制作泡芙常用奶油忌廉、巧克力糖粉、果酱、水果等装饰原料。

要点 5:常用工具

制作泡芙时,常用到烤箱、烤盘、炉灶、铁锅、裱花嘴、漏勺、裱花袋、剪刀、勺、粉筛等工具。

奶油泡芙

【技能训练】

面粉 500 克、奶油 250 克、清水 700 克、鸡蛋液 800 克、糖粉 100 克

1.原料准备:将原料逐一称好,面粉过筛,备用。

2.调制面糊:将清水、黄油一起放入锅内烧沸,然后将面粉倒入锅内并让其在水面上漂浮 5~10 秒后,再用小擀面棍将其迅速搅匀成为熟面团。将熟面团倒在面板上,趁热将熟面团揉匀后放入盆内,再分 5~6 次加入鸡蛋液,揉匀成面糊状。

3.挤制成型:先在烤盘里刷上一层薄油,并撒上少许面粉,或垫上高温油布;再将面糊装入平口裱花袋里,在烤盘中挤成直径为 5 厘米的实心圆球。

4.烘烤成型:将生坯入烤炉烘烤,保持面火 200℃、底火 180℃,时间 15~20 分钟,烤至金黄色即可。

5.填馅装饰:在泡芙底部或旁边捅一个洞,把奶油忌廉用平口裱花袋灌进去,最后在泡芙表面撒上糖粉作装饰。

外脆里糯 绵软香甜

【拓展空间】

1.可用此方法挤制不同形状的泡芙,如阿拉伯数字泡芙、小动物泡芙等。

2.可用炸制的方法使之成熟,先用80℃的油浸炸,待生坯慢慢浮起后,再升温到180℃,炸制生坯表面金黄、定型熟透即可。

【温馨提示】

1.制作泡芙时,一定要将面糊烫熟,否则,面团吃蛋少,影响起发度。

2.一定要等鸡蛋液与面粉完全揉匀无颗粒后,才能第二次加入鸡蛋液,否则,会影响成品质量。

3.将生坯入盘时,应控制好生坯的间距,防止粘在一起。正常间距一般为3~4厘米。

4.可用不加鸡蛋的面糊进行挤制成型的练习,以降低练习成本。

【友好建议】

1.烫面粉时,搅拌动作一定要快而熟练,否则会焦底、出现颗粒。

2.挤制造型时,速度要缓慢,以便让学生观察清楚,还可用带花纹的裱花嘴挤制成型。

3.一般安排9课时:3课时,教师进行讲解示范;1课时,重点进行面糊调制、成型练习;3课时,重点进行品种制作练习;2课时,进行创新练习。

【考核标准】

考核项目	考核要点	分值
奶油泡芙	面糊细腻光滑、软硬适度	30
	大小一致,造型美观	20
	色泽均匀,外松脆内空心	15
	挤制馅料适中	7
	装饰适当、合理	8
	60分钟内完成	20
总　分		100

第五篇

练习制作饼干

饼干,是一种兼具香、酥、脆、松特点的小点心。其成品大小和花样没有一定之规,可由师傅随心所欲变化和装饰。

多数饼干都是用糖油乳化拌和,来搅拌制作面团(面糊)的。所以,搅拌的时间与烘烤后成品的松酥程度有密切的关系。

饼干,既是零食也是各种酒会、宴会、派对、庆典及下午茶的点心。

模块 13 **练习制作曲奇饼**

【知识要点】

要点 1：曲奇饼

曲奇饼，是用黄油、细砂糖等主料搅拌、烘烤而成的一类酥松饼干。

要点 2：曲奇饼的常见种类

1.挤制型（Bagged）：将调制好的面糊用裱花袋（嘴）挤制成型。

2.冷藏型（Icebox）：将调制好的两种或两种以上颜色的面团，放入电冰箱中变硬，然后再进行切割和烘焙。

3.片状型（Sheet）：饼干质地密实，油脂含量高，可直接用手或模子成型。

要点 3：曲奇饼的常用成型手法

曲奇饼的常用成型手法，有挤、拼、摆。

要点 4：常用设备工具

制作曲奇饼时，常用到电冰箱、电烤箱、搅拌机、裱花嘴、裱花袋、秤、剪刀、片刀等设备工具。

一、原味曲奇饼

【技能训练】

> 无盐奶油 155 克、细砂糖 150 克、盐 3 克、全蛋液
> 115 克、中筋面粉 250 克、香草精 2 克

1.原料准备:将原料逐一称好,面粉过筛,备用。

2.调制面糊:把无盐奶油、细砂糖、盐、香草精放入搅拌机内,用中速拌匀使之乳化,成乳白色蓬松状即可。将全液分两次加入搅拌机内,用慢速搅拌至均匀。然后,加入中筋面粉慢速拌匀成面糊状。

3.挤制成型:在烤盘上均匀地刷上一层薄油,再撒上少许面粉,以防生坯滑动。先将 8 齿裱花嘴装入裱花袋中,再将面糊装入裱花袋内,用右手虎口握紧袋口挤制成直径为 4~5 厘米的圆形生坯。

4.将生坯入烤炉烘烤,保持面火 180℃、底火 160℃,时间20~25分钟,烤至生坯表面成麦黄色即可出炉。趁热逐一将饼干从烤盘上取下,以免冷却后被粘住。

酥松香脆 小巧精致

【拓展空间】

可用8齿裱花嘴挤不同形状的曲奇饼,如小动物曲奇饼、花草曲
奇饼等。

曲奇饼的由来

曲奇饼,在美国和加拿大被解释为细小而扁平的蛋糕式的饼
干。第一次制造曲奇,是由数片细小的蛋糕组合而成的。

不同种类的曲奇,会有不同的软硬度。曲奇有很多不同风格,
如糖味、香料味、巧克力味、牛油味、花生酱味、核桃味或干水果味等。

【温馨提示】

1.面粉必须过筛,以除去杂质。

2.注意正确掌握原料的投放顺序,不可前后颠倒,否则会影响成
品质量。

3.搅拌原材料时,中速或低速均可。在乳化过程中,一定要把握

好原材料的蓬松度,不可打制过发,否则,会影响制品成型。

4.给曲奇饼挤制成型时,虎口处一定要握紧袋口,以防面浆往上溢出。

5.注意观察老师在挤制饼干原材料时是如何把握手腕的力度的,应按先重后轻的顺序将原材料向下挤在烤盘中。

【友好建议】

1.调好面糊后,如遇冬夏两季,应马上成型烘烤,不然面糊会冻结或变稀。

2.在烤盘上刷上适量的黄油或垫上高温油布,可增加成品的香味。但应注意,刷油过多,成品易走形。

3.在烘烤生坯时,一定要控制好炉温,炉温偏低,会导致成品下塌过度、质地干硬、色泽较浅;炉温过高,成品边缘或底部会焦化。

4.可用面粉与沸水调成的面糊进行挤制成型练习,以降低练习成本。

5.一般安排6课时:2课时,教师进行讲解示范;2课时,重点进行品种制作练习;2课时,进行创新练习。

二、黑白格子饼

【技能训练】

A.香草面团:无盐奶油240克、糖粉150克、蛋黄1个、低筋面粉420克、盐3克、柠檬皮5克、香草精2克

B.巧克力面团:无盐奶油160克、糖粉100克、蛋黄1个、牛奶8克、低筋面粉280克、可可粉16克、盐1克

1.原料准备:逐一将原料称好,面粉、可可粉过筛,备用。

2.调制香草面团:把无盐奶油、糖粉放入搅拌机内,用中速搅拌均匀;加入蛋黄,再用中速搅拌均匀;将搅拌机调成慢速后,加入低筋面粉、盐、柠檬皮末和香草精,搅拌均匀成面团;将面团取出,擀成厚1厘米的长形薄片,然后切成宽1厘米的长条薄片,用保鲜膜包好,放入电冰箱备用。

3.调制巧克力面团:把无盐奶油,糖粉放入搅拌机内,用中速搅拌均匀;加入蛋黄,再用中速搅拌均匀;将搅拌机调成慢速后,加入牛奶、低筋面粉、可可粉、盐,搅拌均匀成面团;将面团取出,擀成厚1厘米的长形薄片,然后切成宽1厘米的长条薄片,用保鲜膜包好,放入电冰箱备用。

4.造型:将两种颜色的面团从电冰箱中取出,分别在面团中间刷上薄薄的蛋白,交错重叠排好,并放进电冰箱冷藏,待其硬化后再取出。将其横切成宽1厘米的片状,排放在已刷过油的烤盘中。

5.将生坯入烤炉烘烤,面火 160℃、底火 160℃,时间约 20 分钟,烤熟即可。

黑白分明　香味浓郁

【拓展空间】

可通过不同色彩的组合,如红黄相间、红白相间等,制作出不同颜色的格子饼干。

【温馨提示】

1.一定要控制好调制面团的速度,先用中速后改用低速。

2.要重点观察切件的大小和切件的刀法。

3.反复用锯刀法练习切件,下刀要慢、用力要均匀,使刀口光滑。

【友好建议】

1.冷藏面团的时间要足够长,以面团硬化为宜。

2.一般安排6课时:2课时,教师进行讲解示范;2课时,重点进行擀皮、切件、制作练习;2课时,进行创新练习。

【考核标准】

考核项目	考核要点	分值
曲奇饼	细腻、光滑、无颗粒、软硬度合适	30
	大小一致、造型美观	20
	酥、松、脆、香,色泽均匀	20
	60分钟内完成	30
总　分		100

模块 14　　练习制作薄脆饼

【知识要点】

要点 1:薄脆饼

薄脆饼,是用面粉、白糖、黄油、果仁等原料制作而成的厚度极薄的饼干。

要点 2:薄脆饼的品质特点

薄脆饼的品质特点,是酥、香、脆。

要点 3:影响薄脆饼品质的主要因素

1.面团中的含水量要适中,否则,成品会绵软。
2.用糖量要适度,多则易烤焦,少则不酥脆。
3.油脂含量要适度,多则易松散,少则不酥脆。
4.一定要将成品密封储存,否则会受潮,影响口感。

要点 4:常用工具

制作薄脆饼时,常用到粉筛、搅拌器、秤、薄饼模、抹刀等工具。

一、杏仁薄脆饼

【技能训练】

原料名称及用量

　　糖粉 115 克、黄油 85 克、蛋白 85 克、低筋粉 100 克、杏仁片 70 克

1.原料准备:逐一将原料称好,面粉过筛,备用。

2.调制面糊:将黄油放入搅拌机内,用中速搅拌 5~8 分钟至乳化发白;加入糖粉搅拌 5 分钟,再将蛋白分次加入搅拌均匀;然后将搅拌机调成慢速,加入低筋面粉搅拌均匀即成面糊;将面糊装在大盆里,静置 20 分钟。

3.成型:先将高温布垫在烤盘上,再铺上多孔薄饼模板一块,然后用抹刀将面糊摊入模板洞内并抹平。取出模板,在生坯面上均匀地撒上杏仁片。

4.成熟:将生坯入烤炉烘烤,面火 160℃、底火 140℃,时间 8~10 分钟,烤至表面呈浅棕色即可取出。趁热将薄脆饼逐一放在薄脆饼架上定型,待冷却后取下即可。

酥香松脆　色泽金黄

【拓展空间】

用此法,可制作出芝麻、瓜仁等风味的薄脆饼。

【温馨提示】

1.生坯成型时,抹刀一定要紧贴薄饼模板,慢慢地往里推抹均匀,使面糊填满模板洞,否则会影响成品质量。

2.成品冷却后,应马上装入密封罐或包装封口,避免其受潮变软。

3.如无薄脆饼架,可用小擀面杖代替。

【友好建议】

1.如无薄饼模板,可先用匙子将面糊滴落在烤盘上,再用事先蘸水的叉子将面糊摊薄,其效果与用模板做出来的效果一样。

2.可自制薄饼模。在厚纸板或厚塑料板上挖直径为6厘米的圆洞即成,还可挖成三角形、方形、椭圆形等。

3. 一般安排6课时:2课时,教师进行讲解示范;2课时,进行品种制作练习;2课时,进行创新练习。

二、蜂巢芝麻薄脆饼

【技能训练】

色拉油100克、糖粉200克、鸡蛋液150克、低筋粉100克、芝麻仁250克

1.原料准备:逐一将原料称好,面粉过筛,备用。

2.调制面糊:将鸡蛋液、糖粉放入搅拌机中,用中速搅拌4分钟至均匀。将搅拌机调至慢速,加入低筋粉和芝麻仁搅拌3分钟成糊状,最后加入色拉油搅拌均匀,静置30分钟。

3.挤制成型:将面糊装入大号裱花袋内,在放有高温布的烤盘内挤成直径为3厘米的圆形生坯。

4.成熟:将生坯入炉烘烤,炉温控制在面火160℃、底火140℃,烘烤8~10分钟,呈棕色即可。成品出炉后,应立即用抹刀铲起,置于不锈钢台上冷却定型。

麻香味浓　蜂巢孔洞均匀

小技能——蜂巢杏仁薄脆饼

　　蜂巢杏仁薄脆饼的制作方法与蜂巢芝麻薄脆饼的制作方法相同,只是原料有所不同,具体为:白糖 2000 克、水 750 克、酥油 1200克、杏仁 1300 克、低筋面粉 1200 克、小苏打 10 克、吉士粉 30 克、奶粉 8 克。

【温馨提示】

烘烤蜂巢薄脆饼时,尽量不要用底火,否则容易烤焦。

【友好建议】

1.调好面糊后应静置足够长的时间,否则,成品的蜂巢孔洞形成会不充分。

2.因面糊糖油含量高,成品易烤焦,可使用双层烤盘进行烘烤。

3.一般安排6课时:2课时,教师进行讲解示范;2课时,重点进行品种制作练习;2课时,进行创新练习。

三、椰蓉薄饼

【技能训练】

低筋粉100克、黄油150克、蛋白250克、糖粉225克、椰蓉450克

1.逐一将原料称好,面粉过筛,备用。

2.将黄油放入搅拌机中,用中速充分搅拌5分钟,使黄油乳化色白。

3.在搅好的黄油中加入糖粉拌匀,再将蛋白分5~7次加入搅拌均匀。

4.将搅拌机调至慢速,加入低筋粉和椰蓉搅拌均匀成面糊状。

5.把高温布垫在烤盘上,用一个小汤匙舀起面糊,将面糊堆在高温布上,用抹刀将面糊摊平成0.8~1毫米的厚度即可。

6.将生坯放入烤炉内烘烤,炉温为面火160℃、底火140℃,烘烤8~10分钟,呈浅棕色即可取出。

脆香酥　亮丽　有嚼头

【拓展空间】

可将椰蓉面糊冷藏 30 分钟后,用手搓成小圆球,再放入电冰箱冷藏 15 分钟,取出,在表面刷上一层蛋黄,入炉烘烤 10~15 分钟即成黄金椰丝球。

【温馨提示】

做好的薄饼冷却后,应马上装入密封罐或包装封口,避免制品受潮变软。

【友好建议】

1.调好面糊后,可用抹刀摊平,也可用手蘸水来压制成型。

2.一般安排 6 课时:2 课时,教师进行讲解示范;2 课时,重点进行品种制作练习;2 课时,进行创新练习。

【考核标准】

考核项目	考核要点	分值
薄脆饼	面团细腻、光滑、无颗粒、软硬适度	30
	大小一致、造型美观	20
	酥、松、软、香,色泽均匀	30
	60 分钟内完成	20
总　分		100

模块 15　练习制作茶点小饼

【知识要点】

要点 1：茶点小饼

茶点小饼，是一种兼具香、酥、脆、松口感的小甜点。小甜点的成型没有一定之规，可由师傅随心所欲加以变化。烘焙后，也可用各式各样的花饰来装饰造型。

要点 2：常用工具

制作茶点小饼时，常用到粉筛、搅拌器、秤、裱花嘴、裱花袋、高温布、抹刀等工具。

一、果仁饼干

【技能训练】

原料名称及用量

糖粉 50 克、黄油 100 克、蛋液 40 克、低筋粉 50 克、高筋粉 50 克、果仁糊 100 克、盐 3 克、香草粉 3 克

1.原料准备:逐一称好原料,面粉过筛,备用。

2.和面:先往搅拌机内放入少量黄油,将果仁糊搅拌均匀至光滑;然后加入糖粉,用中速搅拌均匀;分次加入鸡蛋液,最后加入面粉和香草粉搅拌3分钟至均匀成面糊状即可。

3.成型:用带有星形花嘴的裱花袋装上面糊,在垫有高温布垫的烤盘上挤出想要形状和大小的饼干。

4.装饰:用果酱、果仁或水果点缀饼干的表面。

5.成熟:将烤盘放入烤炉中,温度控制在面火180℃,底火160℃,烘烤15~20分钟,至面糊呈浅金色即可。

6.定型:从烤箱中一拿出饼干,就立即放在不锈钢台上冷却、定型。

造型美观　香酥可口

【拓展空间】

1.制作方法不变,通过改变用料可制作出不同风味的饼干。

2.果仁饼干也可作慕斯底坯用。

3.不同的果仁、不同的形状,可做出不同的饼干。

【温馨提示】

1.加入面粉后,搅拌时间不能过长,否则,面糊容易起筋。

2.如果没在烤盘里垫油纸,一定要先刷油,再撒薄粉。挤制杏仁饼干时,生坯的间隔不能太大,否则,饼干的边缘容易烤焦。

【友好建议】

一般安排6课时:2课时,教师进行讲解示范;2课时,为调糊成型、制作练习;2课时,进行创新品种的制作练习。

二、黄油茶点饼干

【技能训练】

原料名称及用量

黄油 40 克、酥油 40 克、糖粉 50 克、鸡蛋液 25 克、低筋粉 100 克、香草粉 3 克

1.原料准备:逐一称好原料,面粉过筛,备用。

2.和面:将黄油和酥油放入搅拌机内搅拌至光滑均匀,成乳状待色泽转白后,加入糖粉充分搅拌均匀,分次加入鸡蛋液搅拌均匀,最后将搅拌机调至慢速加入面粉和香草粉搅拌均匀,制成面糊。

3.成型:把圆形裱花嘴放入裱花袋中,装入面糊,在垫有高温布垫的烤盘上挤出圆形饼干。

4.装饰:用果酱点缀饼干的表面。

5.成熟:将烤盘放入烤炉内,温度为面火 180℃、底火 160℃,时间 20~25 分钟。烤至生坯呈浅金黄色。

6.定型:从烤箱中一拿出饼干,就要立即放在不锈钢台上冷却、定型。

营养丰富　香甜味浓

【拓展空间】

通过改变饼干表面的点缀用料,如果仁、水果等,即可制成不同风味的饼干。

【温馨提示】

1.搅拌黄油和酥油时一定要均匀、蓬松,然后方可加入其他原料。

2.如不想用裱花袋挤制成型,可以用模子或塑料薄膜将面团包裹住,然后放入电冰箱冷冻定型,再切制成型。

【友好建议】

一般安排 6 课时:2 课时,教师进行讲解示范;2 课时,为调糊成型、制作练习;2 课时,进行创新品种制作练习。

三、指形小饼

【技能训练】

原料名称及用量

鸡蛋液 360 克、细砂糖 300 克、盐 2 克、低筋面粉 400 克、糠粉少许

1.原料准备:将原料逐一称好,面粉过筛,备用。

2.和面:将鸡蛋液放入搅拌机内,用中速打至湿性发泡后再加入糖、盐,打至细砂糖完全溶解,改用慢速将过筛面粉慢慢加入打蛋机内,搅打均匀即成面糊。

3.成型:把大平口裱花嘴放入裱花袋中,装入面糊。把面糊挤在垫有油纸或刷过油撒有薄粉的烤盘上,挤成长 8 厘米、宽 3 厘米的长条。

4.装饰:将糖粉撒在饼干表面,并将多余的糖粉倒出。

5.成熟:将生坯放入烤炉内烘烤,温度为面火 180℃、底火 140℃,时间 8~10 分钟,至生坯呈浅黄色。

6.定型:从烤箱中一拿出饼干,就应立即放在不锈钢台上冷却。也可在两条饼干间夹上奶油或果酱。

外脆内软　造型美观

【拓展空间】

小技能——练习制作水晶牛利饼

水晶牛利饼的制作方法与指形小饼的制作方法一样,只是通过改变用料,就可制作出水晶牛利饼。具体用料为:白糖 750 克、鸡蛋液 625 克、中筋面粉 750 克、泡打粉 3 克、色拉油 60 克、装饰用冰糖碎 200 克。

【温馨提示】

1.鸡蛋液打泡时间不能过久,否则,成品会过于松软。

2.加入面粉后的搅拌时间不能过长,否则,面糊会起筋。

3.如果没在烤盘里垫油纸,一定要先刷油,再撒薄粉;挤制小西饼时,每个西饼间的间隔不能太大,否则容易把饼的边缘烤焦。

【友好建议】

1.学生操作时,可先用面糊或鲜奶油在烤盘上练习挤制成型,要求挤制的面糊或鲜奶油大小一致。

2.在面糊中添入不同的果仁、果酱或其他如肉松、香葱等原料,均可做成不同口味的小饼。注意,添加料不可过多,否则会影响成品质量。

3.一般安排6课时:2课时,教师进行讲解示范;2课时,为调糊成型、制作练习;2课时,进行创新品种制作练习。

【考核标准】

考核项目	考核要点	分值
茶点小饼	细腻、光滑、无颗粒、软硬度合适	30
	大小一致、造型美观、形态均匀	25
	色泽均匀、酥香松脆	25
	60分钟内完成	20
总　分		100

模块16 练习制作蛋白糖霜酥饼

【知识要点】

要点1:蛋白糖霜酥饼

蛋白糖霜酥饼,就是将蛋白和糖粉一起搅打,然后装入裱花袋中挤出各种形状,经过烘烤而成的松脆小甜点。为了增加口味,常常在饼面上裹上糖衣、巧克力,或在饼中添入奶油、水果,或用于装饰其他西点。

要点2:常用工具

制作蛋白糖霜酥饼的常用工具,有秤、刮刀、烤炉、蛋刷、烘烤布、裱花袋、粉筛等。

蛋白糖霜酥饼

【技能训练】

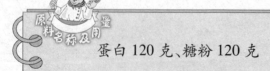

原料名称及用量
蛋白120克、糖粉120克

1.将糖粉分成两份,每份 60 克。

2.将蛋白倒入搅拌机中,用中速搅拌 5~7 分钟,改用高速搅拌 3 ~5 分钟至软性发泡。

3.边高速搅拌边加入糖粉一份,搅拌 3~5 分钟至硬性发泡。停止搅拌,用刮板或推铲将余下的一份糖粉拌匀。

4.将高温布垫在烤盘上,把蛋白糖霜装入裱花袋中,剪一个直径 1.5~2 厘米的圆孔,由内到外以螺旋方式在高温布上挤出直径 10 厘米的螺旋状圆形。

5.给烤炉预热,将面火控制在 120℃、底火控制在 100℃,将生坯放入烤盘,烘烤 1.5~2 小时,烤硬变干呈浅黄色、酥脆即可。

风味独具　圆形酥脆

【拓展空间】

按上述方法,在蛋白糖霜中添入些果仁碎或粉,不但可以变化出不同的蛋白糖霜,还能增加其风味。

杏仁蛋白糖霜酥饼

原料与用量:蛋白 120 克、糖粉 160 克、杏仁粉 120 克。

制作方法:同蛋白糖霜酥饼的制作方法。将杏仁粉同第二份糖一起加入生坯中。

烘烤方法:将炉温控制在 150℃,时长为 40 分钟。

装饰:用奶油将两个酥饼粘在一起,表面可撒糖粉或粘杏仁片、巧克力碎。

【温馨提示】

1.确保所用器具不粘附任何油脂,同时,蛋白中不能有蛋黄。

2.正常搅打的蛋白糖霜细腻湿润而富有光泽,过度搅拌会降低其蓬松度。

3.挤制糖霜前,可在高温布上画一个圆形,然后再挤满圆圈。

【友好建议】

1.糖具有稳定蛋白泡沫的效果,蛋白糖霜中糖与蛋白的用量一般是 1∶1 或 2∶1,如加入过多的糖,会降低蛋白的蓬松度。

2.可将蛋白糖霜搅打成各种硬度,通常会搅打至硬性发泡、近硬性发泡和湿性发泡三种状态。在指导学生搅打蛋白糖霜时,应强调不能搅打过度,否则,糖霜会变得又干又硬,无法使用。

3.挤制糖霜时,在裱花袋中剪的圆孔不能过小或过大。孔过小,蛋白糖霜酥饼就会太薄,不仅形状不好看,也易碎,不易从高温布上取下;孔过大,蛋白糖霜酥饼就会太厚,从而延长了烘烤时间。

4.一般安排 6 课时:3 课时,教师进行讲解示范;3 课时,重点进行蛋白搅打、制作练习。

【考核标准】

考核项目	考核要点	分值
蛋白糖霜酥饼	饼形圆整,螺旋状线条粗细均匀	30
	成品色白或浅黄色,口感酥脆	30
	符合卫生要求,无异味、无杂质	20
	100 分钟内完成	20
总　分		100

第六篇

练习制作层酥

　　层酥制品,是烘焙房中最令人注意和最难制作的产品之一。它属于擀制型面团,以面粉、油脂、水为主要原料,经过调制、裹油、擀制、折叠、烘烤而膨胀到原有厚度的8~10倍的一种蓬松制品。

　　所谓层酥,是由多层面皮和油脂交替组合、互相隔绝,形成有规则的面皮和油脂的层次。受热后,面皮中的水分产生水汽张力,将上一层的面皮用水汽张力顶起,依次一层层逐渐膨胀,最后,油脂受热熔化,渗入到没有水分的面皮中,使每一层面皮都变成了又酥又松的酥皮,制作成了可口而蓬松的制品。

　　同其他产品一样,层酥制品种类繁多,除配方不同外,还有制作工艺、用油比例、擀制方法、辅助原料添加、成型方法等都由烘焙师傅自己调节,故而有"有多少烘焙师傅,就有多少层酥制品"的说法。

模块 17　练习制作果酱酥盒

【知识要点】

要点 1：千层酥

千层酥，又叫蓬松面点，与丹麦包一样，都属于擀制型面团，也就是由油脂与面皮擀制、交替组合而成。经过加热，面团膨胀，形成层次。成品口味醇香，入口即化。

要点 2：擀制酥皮的注意事项

1.面团要柔软，调好面团后应静置 20 分钟方可使用。

2.擀制时，所用油脂量占面粉总量的 50%～100%。如油脂加入量不够，面团蓬松程度会下降或蓬松得不均匀。

3.擀制面皮时，双手用力应一致。

4.每次折叠后，是否需要冰冻，应视油脂的熔化程度及天气情况来定。

要点 3：常用工具

制作果酱酥盒的常用工具，有粉筛、搅拌器、秤、圆吸、高温布、刀、蛋刷等。

千层酥

【技能训练】

面包粉 500 克、黄油 75 克、盐 10 克、水 250 克、黄油(卷入面团) 300 克、蓝莓果肉果酱 50 克、鸡蛋黄 50 克

1.面皮搅拌:将面包粉、盐混合均匀,将黄油熔化和水一起加入到面粉中,充分搅拌至光滑。

2.面团静置:将面团用保鲜膜包好,放入电冰箱静置 30 分钟。

3.油酥处理:将黄油揉搓到均匀无颗粒,用保鲜膜包好,压成长方形,放入电冰箱静置 20 分钟。

4.擀制起酥:取出面团,擀成长方形(是油酥的一倍大)。将油酥放在面团中间,把四周的面皮完全包起。用擀面杖轻轻击打面团的中段,使油酥分布均匀,用擀制千层面包的方法将面团擀成约 1.5 厘米厚的长方形,去掉多余的干粉,均匀折成三折,再将面团擀开成长方形。按此方法折叠两次,就能擀出近 900 多层。

5.酥皮擀制:将擀好的面皮分成两块,一块擀成 3 毫米厚的皮,一块擀成 6 毫米厚的皮。

6.模子成型:用直径 7.5 厘米的圆吸从两块面皮上印出相同数量的圆形面皮,再用一个直径 5 厘米的圆吸在 6 毫米厚的圆皮中心印出一个小圆皮,形成一个圆环形面皮。

7.修整成型:将高温布垫在烤盘上,用水或蛋液涂刷 3 毫米厚的圆皮,并将 6 毫米厚的圆环形面皮放于上面,再用蛋黄涂刷表面,然

后静置20分钟。

8.烘焙成熟:将生坯入炉烘焙,温度为面火190℃、底火170℃,时间约10分钟,呈金黄色,质地脆酥。

9.冷却定型:将酥盒从烤箱中拿出冷却,将蓝莓果肉果酱装入裱花袋中,挤制到酥盒中间圆洞中至满,即可。

质地脆酥 甜香味浓

【拓展空间】

练习制作蝴蝶酥

原料名称及用量:蓬松面团250克、细砂糖250克、清水适量。

1.在案台上撒一层细砂糖,将面皮擀成5毫米的长方形面皮。用刀将两边边缘修整成直线。

2.将面皮两条长边分别折到中心线,注意不要重叠。刷一点水,按同样方法再折一次,得到一个8厘米×40厘米的长方形。再刷一点水,对折,得到一个4厘米×40厘米的长方形。用利刀横切成6毫米厚的片状,粘上一层细砂糖,交错放在涂有黄油的烤盘上。

131

3.烤制温度为面火 190℃,底火 170℃,时间约 10 分钟,到面皮呈浅棕色,取出冷却。

练习制作叉烧千层酥

原料名称及用量:蓬松面团 250 克、叉烧馅 250 克、蛋黄适量。

将面皮擀开成 3 毫米厚的皮,用刀切成边长 10 厘米的正方形,在中间放置适量的馅,沿对角线对折,刷上蛋黄,撒上芝麻,静置后烘烤即可。

【温馨提示】

1.一定要将面团静置,待松弛后再进行擀制,否则,面筋网络易断,油酥分布会不均匀。

2.包油酥时,除了将面皮擀成长方形外,还可以擀成十字形或用无缝包法包裹油酥。

3.每次折叠前,应将长方形的短边边缘切去少许,以看得见油酥为限,再进行折叠。

4.成型时,不管做什么形状,一定不要用手碰捏面皮的切口或让切口粘上蛋液,避免酥层粘连,层次不明显。

【友好建议】

1.将面团揉搓至均匀光滑即可,否则,面团会太有弹性而不好操作。

2.折叠面皮时,如果面皮表面干粉多,应先将干粉去除再进行折叠,必要时可喷一层清水,以利于面皮粘和。

3.将擀好的蓬松面团放在电冰箱中冷藏,用时取出再用。在后面的示范课时,教师可不用再次示范擀制面皮,而让学生自己制作面皮,由教师讲解,这样,其余学生也可从中掌握更多诀窍。

4.一般安排 10 课时:教师示范 2 课时,学生练习 8 课时。

【考核标准】

考核项目	考核要点	分值
果酱酥盒	能正确调制油酥面团 面团细腻光滑、无颗粒、软硬度适中	30
	层次分明、白净、厚薄均匀	15
	大小形态均匀 造型美观 色泽一致 酥、松、香	15
	整体造型完美	20
	100 分钟内完成	20
总　分		100

模块 18　练习制作花生酥条

【知识要点】

要点 1：花生酥条

有很多人将花生酥条这种千层点心，叫做千层酥点。其变化很多，可以直接烤制面皮，稍做装饰就是一种点心；也可以压模、包馅、造型、烤制后再做装饰，成为另一种点心；或与其他点心一起组装，再烤制、再装饰。

要点 2：常用工具

制作花生酥条时，常用到粉筛、搅拌器、秤、圆吸、高温布、利刀、蛋刷等工具。

花生酥条

【技能训练】

A.酥油 200 克、高筋粉 50 克

B.酥油 65 克、盐 8 克、鸡蛋液 30 克、糖 65 克

C.高筋粉 250 克、低筋粉 250 克、水 200 克

D.花生 200 克、糖粉 100 克、蛋白 50 克

1.面团搅拌:将面粉、盐、糖混合均匀,与酥油、水、蛋一起加入搅拌机中,用中速搅拌 3 分钟,改用快速充分搅拌 3 分钟至光滑,即制成面团。用保鲜膜包好面团,放入电冰箱静置 30 分钟。揉搓酥油与高筋粉至均匀无颗粒,即制成油酥。用保鲜膜包好油酥,压成长方形,放入电冰箱静置 20 分钟。

2.擀制起酥:从电冰箱中取出面团,擀成长方形(是油酥的一倍大)。将油酥放在面团中间,把四周的面皮完全包起。用擀面杖轻轻击打面团的中段,使油酥均匀分布。与千层面包的擀制方法一样,将面团擀成约 1.5 厘米厚的长方形,去掉多余的干粉,均匀折三折,再将面团擀开成长方形。按此方法折叠两次,就能擀出近 900 多层。

3.制作花生酱料:将蛋白放入不锈钢碗内,用蛋抽搅打,边搅打边加入糖粉至发白,制成蛋白糊。将花生烤香,去皮,压碎。

4.修整成型:将面皮擀成 3 毫米厚的长方形,将四边切整齐,将蛋白糖糊均匀抹在上面,再撒满花生碎。用刀将面皮切成长 10 厘

米、宽3厘米的长条,放在干净的烤盘上。

5.烘焙成熟:将生坯放入烤炉,烘烤25分钟,温度控制在面火180℃、底火140℃,烤到面皮呈米黄色,质地脆酥出炉。

质地脆酥 口感甜香

【拓展空间】

利用切下来的边角废料,也可制作其他品种的层酥。

练习制作豆沙卷

原料名称及用量:酥皮废料250克,豆沙馅250克,蛋黄、芝麻适量。

制作方法:

1.将酥皮废料尽可能平叠起来,再用擀面棍将其擀成1厘米厚的面皮。

2.将豆沙搓成直径3厘米的圆条,长度与面皮一致。

3.在面皮上刷上一层蛋黄,将豆沙条卷起,捏紧收口。用刀在面皮表面划出线条,切成每件宽5厘米的条。在表面刷上蛋黄,撒上芝麻,排入干净烤盘中。

4.用面火 180℃、底火 140℃,烘烤 25 分钟即可。

练习制作扭酥条

原料名称及用量:蓬松面团 250 克,椰蓉馅或麻辣馅 250 克,蛋黄、芝麻适量。

制作方法:

1.将面皮擀开成 4 毫米厚的皮,在上面抹上一层椰蓉馅或麻辣馅等。

2.将面皮对折、压紧,用刀切成长约 40 厘米的条状。

3.一手按住一头,一手将面条搓成麻花状,静置后烘烤即可。

此方法可用于制作各种酥条。

【温馨提示】

1.可利用电冰箱调节两种面团的软硬度。

2.在擀制层酥面皮时,如果发现水油皮与油酥之间有气泡,可用牙签在上面戳几个小洞,可排出空气。

3.切制抹有蛋白糖糊的面皮时,应将刀的两面都蘸水后再切,避免将蛋白糖糊带下去,把面皮的切口粘紧,烘烤时不能呈现出层次。

【友好建议】

1.应尽量保证水油皮面团和油酥面团的软硬度一致,以便擀制时,油酥与水油皮分布均匀。

2.应尽可能均匀折叠面皮。可先在面皮上量好并划出折叠线或压出折叠线,然后再折叠。

3.由于面团含油量较多,经人工多次擀制折叠后容易变软,春夏两季更难操作,所以,具体操作时,应视面皮的软硬度决定是否将擀过的面团放在电冰箱中冷藏,待冰硬后再进行下一次擀制。

4.一般安排 8 课时:教师示范 3 课时,学生练习 3 课时,拓展练习 2 课时。

【考核标准】

考核项目	考核要点	分值
花生酥条	能正确调制油酥面团 面团细腻、光滑、无颗粒、软硬度合适	30
	层次分明、白净、厚薄均匀	15
	大小形态均匀 造型美观 色泽一致 酥、松、香	15
	整体造型完美	20
	100 分钟内完成	20
总　分		100

第七篇

练习制作布丁、慕斯与果冻

布丁，又叫布甸，以黄油、鸡蛋、牛奶、糖等为主要原料，配以各种辅料，用各种不同的模子经过蒸或烤而制成的一种柔软、嫩滑的点心。

慕斯，是一种松软糯滑的冷冻食品，多用慕斯粉加水、蛋黄和鲜奶油调制而成。常见的有巧克力慕斯、水果慕斯等，其底部多配以香酥的饼干、蛋糕等。

果冻，也叫水果啫喱冻，是由各种水果、果汁、糖、啫喱粉或鱼胶调制后经过冷凝而成的一种透明光滑、色泽艳丽、富有弹性、口味清新的小点心。果冻的生产原料主要是白糖、卡拉胶、甘露胶、钙、钠、钾盐等。果冻的胶体是由卡拉胶、甘露胶混合糖煮沸后冷却凝结而成。卡拉胶是海藻类植物，甘露胶是从天南星科植物中提取的葡甘聚糖，都是天然植物，两者皆属水溶性膳食纤维。

布丁、慕斯、果冻都属于冷冻甜品，由于它们在原料、制作工艺上有许多相同之处，故在口感等方面大同小异。它们多作为午晚餐及下午茶点心、咖啡点心等，很受女性和小孩的青睐。

模块 19　　练习制作布丁

【知识要点】

要点 1：布丁

布丁，是"Pudding"的音译名，是指以面粉、牛奶、鸡蛋等为原料而制成的柔软甜点。

要点 2：布丁的特点

布丁的凝固剂是鸡蛋，因此，布丁具有柔软、滑嫩的特点。

要点 3：布丁的制作方法

制作布丁的方法有蒸制型、烘烤型和煮制型。

要点 4：常用工具

制作布丁常用到搅拌机、搅拌器、不锈钢面盆、布丁模、刮刀等工具。

一、蒸制型——黄油布丁

【技能训练】

原料名称及用量

低筋面粉 240 克、白糖 150 克、泡打粉 15 克、黄油
150 克、鸡蛋液 150 克、牛奶 60 克

1.逐一称好原料,面粉过筛,备用。

2.将黄油和白糖放在搅拌器里,用中速将黄油打乳化;分次加入鸡蛋液,每加一次,必须将鸡蛋液搅拌均匀后再加第二次,直至加完所有鸡蛋液。

3.将搅拌机调成低速,慢慢加入面粉搅拌均匀,最后加入牛奶搅拌均匀,即成面糊。

4.把面糊装入事先备好的布丁模里,装八成满即可。

5.将成型的半成品放进蒸笼内,用中火蒸 15～20 分钟,熟透即可。

6.将成熟的布丁趁热出模,装盘即可。

松软细腻　奶香浓郁

【拓展空间】

　　布丁的正式出现,是在 16 世纪英国女王伊丽莎白一世时代。它是由肉汁、果汁、水果干及面粉一起调配而制作成的甜点。

【温馨提示】

1.掌握好黄油的打发程度。

2.加鸡蛋液时,搅拌速度不能太快,鸡蛋液与黄油混合均匀后才能第二次加入面粉。加入时,搅拌均匀即可。切忌搅拌时间过长。

3.不能直接加热牛奶。蛋糖打匀即可,不能搅拌过久。

【友好建议】

一般安排6个课时:2课时,教师讲解示范;2课时,学生操作练习;2课时,学生创新练习。

二、烘烤型——格式布丁

【技能训练】

原料名称及用量

牛奶1200克、白糖120克、鸡蛋液270克、奶香粉适量

1.逐一将原料称好,备用。

2.用搅拌器将白糖、鸡蛋液和奶香粉打匀。

3.将牛奶隔水加热后加到蛋糖内搅匀。

4.将调好的溶液过筛,倒入事先抹好油的派盘内。

5.在烤盘内盛一半的热水,将装有布丁浆的派盘放入烤盘内烘烤,炉温设定为170℃,烘烤45~60分钟熟透即可。

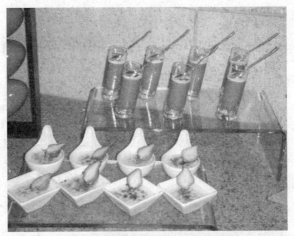

色泽亮丽　细滑可口

【拓展空间】

在制作布丁时,可选择加入水果,成品口感更佳。

【温馨提示】

要想保持布丁软滑,千万不要冷藏太久。

一般安排6课时：2课时，教师进行讲解示范；2课时，重点进行品种制作练习；2课时，进行创新品种制作练习。

三、煮制型——英式布丁

【技能训练】

原料名称及用量

牛奶575克、白糖100克、盐1克、玉米淀粉70克、香草精1克

1.逐一将原料称好，备用。

2.将60克牛奶与玉米淀粉混合均匀。

3.将余下的牛奶、糖和盐放入锅中煮沸，离火。将淀粉水慢慢倒入热牛奶中，边倒边搅拌均匀。

4.将拌匀的布丁溶液再放回火上，用小火加热，边加热边搅拌，直至黏稠，小沸腾后离火，拌入香草精，搅拌均匀。

5.趁热将调好的布丁溶液倒入模子中，冷却后放入电冰箱定型。倒出模子后，稍做装饰即可食用。

质地浓厚　口味香甜

【拓展空间】

可用英式布丁的成熟方法,制作椰果杧果布丁。

练习制作椰果杧果布丁

原料及用量:杧果果肉 160 克、吉利丁片 25 克、椰果 150 克、细砂糖 120 克、水 400 克、杧果冰激凌 120 克、动物性鲜奶油 40 克。

制作方法:

1.将细砂糖与水放入盘中煮化后,趁热加入泡软的吉利丁片拌匀至溶化。

2.待溶液冷却后,加入杧果泥和杧果冰激凌拌匀。

3.加入鲜奶油和椰果拌匀。

4.将调好的溶液倒入玻璃杯中,冷却 2 小时至凝固,即可取出食用。

【温馨提示】

1.加热搅拌布丁原料时,一定要用小火,因制品含糖,很容易焦化,进而会影响制品质量。

2.如果没有玉米淀粉,也可用其他淀粉或鸡蛋代替使用。

3.一定要等到调配好的原料液冷却后再放入电冰箱冷藏,不可冷冻,否则会影响成品质地。

【友好建议】

1.教师应指导学生练习布丁溶液的加热搅拌方法。如用鸡蛋代替淀粉使用时,应先取少量煮沸牛奶,慢慢加到蛋奶液中,搅匀后,再慢慢加到余下的煮沸牛奶中,以防鸡蛋液遇热凝结成块。

2.如果不把布丁倒出模子而直接食用,可将玉米淀粉用量减少到 60 克,以增加制品的嫩滑程度。

3.一般安排 6 个课时:2 课时,教师讲解示范;2 课时,学生操作练习;2 课时,学生创新练习。

【考核标准】

考核项目	考核要点	分值
黄油布丁	细腻、光滑、无颗粒,软硬度合适	30
	大小一致,造型美观	25
	色泽均匀,熟度合适	20
	60 分钟内完成	25
总　分		100
格式布丁	细腻、光滑、无颗粒,软硬度合适	30
	大小一致,造型美观	20
	色泽均匀,熟度合适	15
	装饰美观大方	15
	60 分钟内完成	20
总　分		100

续表

考核项目	考核要点	分值
英式布丁	细腻、光滑、无颗粒,浓稠度合适	30
	造型美观,形态均匀	30
	定型完好,口感嫩滑,无异味	20
	40 分钟内完成	20
总　分		100

模块 20　练习制作慕斯

【知识要点】

要点 1：慕斯

慕斯，是从法语音译过来的，又译成木司、莫司、毛士等。它是将鸡蛋液、奶油分别打发后，与其他调味品调和而成或将打发的奶油拌入馅料和明胶水制成的松软形甜食。

要点 2：慕斯的特点

慕斯与布丁一样，属于甜点的一种，其质地较布丁更柔软，入口即化。

制作慕斯最重要的原料是胶冻原料，如琼脂、鱼胶粉、果冻粉等，现在也有专门的慕斯粉了。制作慕斯最大的特点是，其原料配方中的蛋白、蛋黄、鲜奶油都须单独与糖打发，再混在一起拌匀，所以慕斯的成品质地较为松软，泡沫多，富含奶油，有点像打发了的鲜奶油。

制作慕斯使用的胶冻原料是动物胶，所以需要置于低温处存放。

要点 3：常用工具

制作慕斯时，常用到模子、炉灶、铁锅、裱花嘴、裱花袋、漏勺、剪刀、勺、粉筛等工具。

一、巧克力咖啡慕斯

【技能训练】

原料名称及用量

奶油芝士 200 克、绵白糖 60 克、咖啡粉 3 克、淡奶油 120 克、吉利丁 3 克、水 20 克、热开水 10 克

1.给吉利丁加水浸泡。

2.将淡奶油与巧克力隔水加热,熔化后备用。

3.将奶油芝士与绵白糖隔水加热至软化。

4.将咖啡粉用少许热开水溶开。

5.将步骤 2、3、4 中的材料混合在一起搅拌均匀。

6.将吉利丁隔水加热熔化后加入到步骤 5 调制好的原料中。

7.将上述原料搅拌均匀后,倒入模子中冷却,冻硬后进行装饰。在成品表面用裱花嘴挤上奶油,放上巧克力花与巧克力豆装饰即可。

香味浓厚 松软糯滑

【拓展空间】

慕斯的制作方法不变,通过原料、造型及点缀装饰物的变化,可制作出许许多多风味各异、形态美观的慕斯品种。

【温馨提示】

慕斯的制作方法简单,但一定要注意操作步骤中的每一个细节。

【友好建议】

一般安排6课时:2课时,为教师讲解示范;2课时,为慕斯基本品种制作练习;2课时,为创新品种制作练习。

【考核标准】

考核项目	考核要点	分值
巧克力咖啡慕斯	细腻、光滑、无颗粒、软硬度合适	30
	大小一致、造型美观、形态均匀	20
	符合食品卫生要求	15
	装饰美观大方、符合主题	15
	60分钟内完成	20
总　分		100

二、香橙慕斯

【技能训练】

香橙 500 克、蛋白鲜奶油 100 克、蜂蜜适量、吉利丁片 15 克

1.取 200 克新鲜香橙果肉打成泥状,加入泡软的吉利丁片里。

2.将蛋白鲜奶油拌入果泥中,调入适量蜂蜜。

3.将慕斯灌入玻璃杯中,冷藏 2 小时后至凝结,再挤上香橙果浆即可。

清香爽口　细滑软糯

【拓展空间】

橙子是低热量、低脂肪的水果,每 100 克橙子中含有 0.7 克蛋白质、0.6 克脂肪。橙子营养价值很高,含有非常丰富的蛋白质、有机酸、维生素以及钙、磷、镁、钠等人体必需的元素,这是其他水果所无法比拟的。

吃橙子前后 1 小时不要喝牛奶,因为牛奶中的蛋白质遇到果酸会凝固,影响消化吸收。橙子不宜多吃,吃完应及时刷牙漱口,以免对牙齿有害。

【温馨提示】

香橙慕斯的冷藏时间不可太长,否则会影响成品口感。

【友好建议】

一般安排 6 课时:2 课时,为教师讲解示范;2 课时,为基本慕斯品种制作练习;2 课时,为慕斯品种变化制作练习。

【考核标准】

考核项目	考核要点	分值
香橙慕斯	细腻、光滑、无颗粒、软硬度合适	30
	大小一致、造型美观	20
	符合食品卫生要求	15
	装饰美观大方、符合主题	15
	60 分钟内完成	20
总　分		100

三、提拉米苏

【技能训练】

威化饼干 8 块、咖啡粉 20 克、热开水 60 克、君度酒 15 克、吉利丁 5 克、绵白糖 75 克、奶酪 200 克、蛋黄 2 个、水 20 克、淡奶油 150 克、可可粉少许

1. 往咖啡粉中加入开水,溶化后冷却。

2. 在冷却的咖啡粉中加入君度酒拌匀,制成咖啡酒,备用。

3. 在模子底部垫上 4 块威化饼干,饼干表面刷咖啡酒,待用。

4. 给奶酪和绵白糖隔水加热至 70℃后,再加入蛋黄拌匀。

5. 在步骤 4 调制好的材料中加入打发的淡奶油,拌匀,再加入用水浸泡后隔水加热熔化的吉利丁,拌匀。

6. 将蛋白与绵白糖搅拌至湿性发泡,再加到经步骤 5 调制好的材料中,拌匀,即成慕斯糊。

7. 将 1/2 慕斯糊倒入经步骤 3 处理过的模子中,再在慕斯糊上垫 4 块威化饼干,在饼干表面刷上经步骤 2 调制好的咖啡酒。

8. 再将余下的慕斯糊倒入模子中,放入冰柜冷冻 30~40 分钟。

9. 在冻硬后的成品上用可可粉进行装饰。

香味十足　口齿留香

【拓展空间】

小知识——提拉米苏的故事

"二战"时期,一个意大利士兵要出征了,可是家里什么也没有了。爱他的妻子为了给他准备干粮,把家里所有能吃的饼干、面包全做进了一个糕点里,暂时取名为"提拉米苏"。每当这个士兵在战场上吃到提拉米苏,就会想起他的家,想起家中心爱的人。后来,人们就将此点心叫做"提拉米苏",意为"带走的不只是美味,还有爱和幸福"。

【温馨提示】

1.慕斯的造型除圆形和长方形外,还有心形、动物形、花形等。

2.慕斯表面除用可可粉装饰外,也可用巧克力、绿茶粉、糖粉、奶油忌廉、巧克力糖粉、果酱、水果等原料代替。

3.在模子底部可垫入威化饼干,也可垫入手指饼干、蛋糕等。

【友好建议】

1.调制慕斯原料时,将淡奶油打发至七成即可。

2.吉利丁一定要隔水加热熔化。

3.一般安排6课时:2课时,教师进行讲解示范;2课时,由学生进行品种制作练习;2课时,由学生进行创新品种制作练习。

【考核标准】

考核项目	考核要点	分值
提拉米苏	细腻、光滑、无颗粒、软硬度适中	30
	大小一致、造型美观	20
	形态均匀,装饰大方	15
	符合食品卫生要求	15
	60分钟内完成	20
总　分		100

模块 21　练习制作水果冻

【知识要点】

要点 1：水果冻

水果冻，又称水果啫喱冻，是由各款果沙、果肉、糖、鱼胶、香精、食用色素按比例调制成溶液后经冷凝定型而成的一种甜点。

要点 2：水果冻的特点

水果冻的外观晶莹剔透，口感软滑，色泽艳丽，富有弹性，是一种低热能、高膳食纤维的健康食品。水果冻还是其他冷食点心的装饰材料。

要点 3：常用工具

制作水果冻时，常用到炉灶、铁锅、手勺、面盆、抹刀、粉筛、温度计、搅拌器、秤、模子、电冰箱等设备和工具。

什锦果冻

【技能训练】

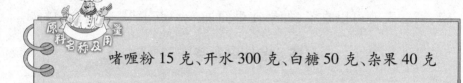

啫喱粉 15 克、开水 300 克、白糖 50 克、杂果 40 克

1.将所用原料逐一称好,备用。

2.取 250 克开水,将鱼胶粉调化;用剩余开水溶化啫喱粉和糖。将二者混合并冷却。

3.将冷却后的溶液倒入各种形状、大小不同的模子或各式高脚杯中,逐一放入杂果,送入保鲜电冰箱,使其冷凝。

4.将凝结定型的水果冻倒扣入盘中。挤奶油花或以水果装饰。如果盛器是高脚杯,则可直接装饰上桌。

透明光滑　口味清新

159

【拓展空间】

练习制作简易果冻

原料：旺仔 QQ 糖一包、牛奶一盒。

制法：把 QQ 糖倒入热牛奶中，煮化装模，然后放入电冰箱冷藏一晚，第二天就可以吃了，如果在里面加入一点水果，味道会更好。

练习制作乌龙茶冻

时下，大多数人都喜欢喝茶、品茶，试试用乌龙茶来做茶冻。它不仅有乌龙茶的甘醇，还有果冻的滑嫩。

原料：啫喱粉 20 克、细砂糖 100 克、乌龙茶 10 克、水 600 克。

制法：

1.将水煮沸，放入乌龙茶泡开，泡 10 分钟后滤出茶叶，选出少许整片的茶叶备用。

2.再次将茶水煮沸，加入啫喱粉和细砂糖，搅拌至糖完全溶化。

3.将煮好的茶糖水倒入容器中至八分满，冷却后放入冰箱中冷藏，食用时取出。

【温馨提示】

1.所用工具必须消毒后才能使用。

2.溶液对冲时必须搅拌均匀。

3.装模时要装九成满，高脚杯装至八成满。

4.要把握好冷冻时间。

【友好建议】

1.如练习时用的是碗形模子，取模时可将模子浸在热水中 2~3 秒，擦干水，将其倒扣装盘。如不行，再重复一次。

2.某些品牌的果冻粉里含有糖分、但没有果味,具体制作时可根据顾客的喜好加入调味剂,效果很好,使用方便简单。例如:先烧开水,放入适量的果冻粉(比例包装上都有,不同产品的用量不同)。一边放一边搅,搅匀后放入调味剂如果珍,搅匀即可。

3.如果喜欢带水果味的果冻,可以在果冻没有凝结好以前放入水果块,但要注意不要用酸性大的纯果汁,这样无法凝结定型。

4.一般安排6课时:2课时,教师进行讲解示范;2课时,重点进行品种制作练习;2课时,进行创新品种制作练习。

【考核标准】

考核项目	考核要点	分值
什锦果冻	细腻、光滑、无颗粒	30
	造型美观、形态均匀	20
	装饰美观、符合食品卫生要求	30
	60 分钟内完成	20
总　分		100

第八篇

西点装饰

装饰,对于制作西点来说,能起到画龙点睛的作用。西点装饰涉及各种美学知识,它能从制品的色彩、形状、结构上给予人们不同的艺术享受。

在西点制作中,用于装饰的材料很多,有直接购买的,也有自己制作的,常用的有巧克力、杏仁糖泥、糖泥、水果、胶糖等。

西点装饰,在酒店、宾馆、饼屋是很有用的,它不仅可以为企业带来可观的收益,还可以让西点师傅们一展其精湛的技艺,这对于师傅们来说是一个展示其创造力的平台。

模块 22 巧克力装饰

【知识要点】

要点 1:巧克力

巧克力,是"Chocolate"的英译名,是将可可豆经过发酵、晾干、烘烤、研磨,提炼出糊状物的可可奶油,冷却后的硬块即为巧克力。

要点 2:巧克力的种类

1.黑巧克力(Dark Chocolate):纯巧克力,乳质含量少于 12%,可作为装饰材料用。

2.牛奶巧克力(Milk Chocolate):至少含有 10%的可可浆及 12%的乳质。

3.无脂巧克力(Impound Chocolate):指不含可可脂的巧克力。

4.白巧克力(White Chocolate):指不含可可粉的巧克力,可作为装饰材料用。

要点 3:巧克力装饰的种类

巧克力装饰的种类,有巧克力片状装饰和巧克力泥花制作。

要点4：常用工具

制作巧克力装饰物的常用工具,如温度计、塑料垫、抹刀、推铲、裱花嘴、模子、食用色素等。

一、熔化巧克力

【技能训练】

巧克力 500 克

1.将巧克力切成小片后放入干净的不锈钢碗内。

2.将碗放到温水内加热,不断搅拌,使巧克力均匀熔化。

3.将 2/3 巧克力倒在大理石案板上。用抹刀将巧克力摊平,并用刮刀迅速刮到一起,反复操作,至巧克力均匀冷却。

4.当巧克力冷却到 26~29℃ 时,形成浓稠的糊状,将其刮回碗中,与剩余的 1/3 巧克力混合均匀。

5.将 30~40 克巧克力放在碗中,置于温水中回温到 29~31℃ 即可。

【拓展空间】

最早出现的巧克力,起源于墨西哥地区古印第安人食用的一种含可可粉的食物,它的味道苦而辣。1526 年,西班牙探险家科尔特斯将该食物带回西班牙,献给当时的国王,欧洲人视它为迷药,掀起一股食用的狂潮。

后来,大约在 16 世纪,西班牙人让巧克力"甜"了起来。他们将可可粉及香料拌和在蔗汁中,成了香甜饮料。到了 1876 年,一位名叫彼得的瑞士人别出心裁,在上述饮料中再掺入一些牛奶,这才完成了现代巧克力创制的全过程。

不久之后,有人想到,将液体巧克力脱水后可以浓缩成一块块便于携带和保存的巧克力糖。1828 年,荷兰的万·豪顿(Van Houten)将巧克力脂肪除去 2/3,做成了容易饮用的可可亚。

巧克力饮料的兴盛,始于墨西哥极盛一时的阿斯帝卡王朝最后一任皇帝孟特儒(Montezuma)。当时是崇拜巧克力的社会,人们喜欢把辣椒、番椒、香草豆和香料添加在饮料中,打起泡沫,并以黄金杯子每天喝 50CC。这种专属于宫廷成员的饮料,被视为利尿的药剂,并可帮助消化。

【温馨提示】

1.可用制作熔化巧克力的方法,将熔化的巧克力通过不同的成型方法或使用不同的模子制作成不同形态的巧克力装饰片。

2.一定要将巧克力切成小片,这样易于熔化。

3.给巧克力摊平、冷却、回温时,动作一定要迅速。

【友好建议】

1.要重点观察巧克力的熔化过程。

2.巧克力对温度比较敏感,熔化和冷却巧克力时都必须正确控制温度。

3.熔化巧克力时,应将水温控制在 55～60℃。熔化好的巧克力可反复使用。

4.一般安排 2 课时:1 课时,教师讲解示范;1 课时,学生练习。

二、巧克力片状装饰——弯曲条纹

【技能训练】

1.将熔化好的黑(白)巧克力用平口裱花袋装好,在胶纸上挤成长条状。

2.巧克力长条稍干后,绕在铁筒上,放进电冰箱凝固。

3.巧克力长条凝固后,取掉铁筒和胶纸即成型。

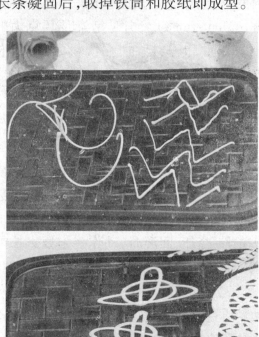

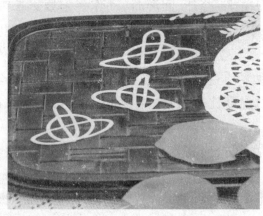

线条流畅　粗细均匀

【拓展空间】

可将巧克力弯曲条纹用于欧式蛋糕、慕斯等西点品种的装饰上。

【温馨提示】

1.制作巧克力装饰片时,应将温度保持在18~25℃。
2.用裱花嘴挤制巧克力细条纹时,要求粗细均匀。

【友好建议】

一般安排3课时:1课时,教师讲解示范;1课时,学生练习;1课时,由学生进行创新品种制作练习。

三、巧克力片状装饰——巧克力扇

【技能训练】

1.将熔化好的黑巧克力铺在干净的大理石案板上,用抹刀将其均匀地摊成长薄层状。
2.待巧克力快干时,用推铲向前将巧克力铲起。推铲与巧克力薄片呈 35 度斜角。推铲时,用大拇指抵住铲刀的一角,推铲长度根据推铲宽度与巧克力扇的大小程度来定,只要让巧克力卷成褶皱、形如扇子即可。

3. 待巧克力快干时,用印模或尺子、雕刀给巧克力刻印出各种图形。待巧克力干后,取下印模,即成巧克力薄片。

厚薄均匀　切口光滑

【拓展空间】

1.用制作巧克力装饰片的方法制作出的巧克力扇,可用于制作形态各异的蝴蝶巧克力装饰片。

2.不用工具,而用手直接将干了的巧克力掰开成不规则的薄片也可以。

【温馨提示】

制作巧克力装饰片时,应将温度控制在18~25℃。

刮巧克力薄片时,要求薄片宽度7~8厘米、厚0.3厘米即可。

【友好建议】

一般安排3课时:1课时,教师讲解示范;1课时,学生练习;1课时,由学生进行创新品种制作练习。

【考核标准】

考核项目	考核要点	分值
巧克力装饰片	熔化巧克力操作娴熟	20
	巧克力浆细腻光滑、无颗粒	10
	巧克力软硬度适中	10
	巧克力成型大小均匀、造型美观	40
	60分钟内完成	20
总　分		100

四、巧克力泥塑

【技能训练】

原料名称及用量

黑(白)巧克力 1400 克(夏季)、1300 克(冬季)麦芽糖 400 克、矿泉水 100 克、细砂糖 100 克

1.把黑(白)巧克力切成碎粒,隔水加热。在加热的过程中,要不停搅拌至巧克力完全熔化,待用。

2.把细砂糖、水、麦芽糖用电磁炉隔水加热溶化,然后慢慢倒入熔化了的巧克力中。边倒边搅拌均匀,搅拌速度要快。

3.将搅拌均匀的巧克力泥,倒入一个用保鲜膜垫好的托盘中。

4.用保鲜膜盖住巧克力泥,常温冷却后即可使用。

5.在白巧克力泥中加入各种颜色的色香油调和均匀,即成彩色巧克力泥。

6.用各种彩色巧克力泥捏制各种造型,如福娃。

形态逼真　精致细腻

172

【拓展空间】

用不同的模子,使用不同的捏制方法,可将巧克力泥制作成形态各异的巧克力泥花。

【温馨提示】

1.制作巧克力泥塑时应注意,因刚调好的巧克力泥比较软绵,要经过冷却、冷藏、风干后才具有可塑性。即便是经过冷却、冷藏、风干等工序的巧克力泥,如果室温升高,巧克力就会重新变软,因此,在造型时,应合理控制室内温度和空气干燥度。

2.将烤过的玉米淀粉加入到巧克力泥中进行调制,可保持巧克力面团的稳定性。在进行巧克力泥花造型时,应尽量先分部分造型,然后再组合在一起,大型作品还要借助于骨架。

【友好建议】

1.可用澄面面团代替巧克力泥进行各种花和动物的捏制练习,以降低练习成本。

2.一般安排 6 课时:2 课时,重点进行巧克力泥的调制练习;2 课时,重点进行巧克力泥塑的捏制练习;2 课时,进行拓展练习。

【考核标准】

考核项目	考核要点	分值
巧克力泥塑	熔化巧克力操作娴熟	30
	巧克力泥软硬度适中	20
	能熟练运用捏、拼、摆等综合方法进行造型	15
	造型美观、形态逼真、色泽亮丽	15
	40 分钟内完成	20
总　分		100

模块 23　　糖泥装饰

【知识要点】

要点 1：糖泥

糖泥，是用糖粉其他原料制作出的泥状制品。其质地如同面团，使用不同的成型手法或模子可制作各种形态美观、造型逼真的图形。

要点 2：常用工具

制作糖泥时，常用到擀面杖、抹刀、剪刀、牙签、模子、整形棒、食用色素等工具和材料。

一、糖　　泥

【技能训练】

原料名称及用量

　　　　吉利丁片 10 克、水 30 克、糖粉 500 克、水麦芽 30 克、白油 15 克、蛋白 35 克

1.将吉利丁片泡 30 分钟,加入水麦芽,隔水加热搅拌。加入白油,隔水加热,混合均匀。

2.把拌匀的液体倒入 300 克糖粉中混合均匀,再拌入剩下的糖粉。

3.加入蛋白充分揉匀,揉至将糖皮拉开不断为佳。然后放置 24 小时后才可使用。

【拓展空间】

练习调制杏仁糖泥

原料:杏仁泥 100 克、玉米糖浆 20 克、糖粉 100 克。

制法:

1.将杏仁泥、玉米糖浆、糖粉放入干净的不锈钢搅拌盆中搅拌均匀。

2.逐次加入过筛后的糖粉,每次少量,使之迅速溶解,直至达到所需浓稠度。杏仁糖泥必须质地密实,但为了易于制作,不能太干。

【温馨提示】

1.为保证调制好的糖泥颜色纯正,调制糖泥所用器具及案台必须十分干净。

2.必须用保鲜膜将调制好的糖泥盖好。

【友好建议】

1.一般选用较白净的糖泥。不要使用铝制品器具,它们会使糖泥变色。

2.一般安排 2 课时:1 课时,重点进行糖泥面团的调制练习;1 课时,重点进行杏仁糖泥的调制练习。

【考核标准】

考核项目	考核要点	分值
糖泥的制作	调制好的糖泥细腻、光滑、无颗粒、软硬度适度	30
	色泽均匀、亮丽、无色斑	25
	能用捏、拼、摆等方法进行整体造型 造型美观、形态逼真	25
	60分钟内完成	20
总　分		100

二、糖泥玫瑰花

【技能训练】

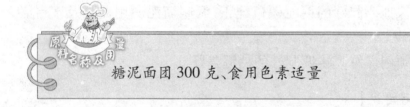

糖泥面团300克、食用色素适量

1.将糖泥分切成两块,分别调上玫瑰红色和翠绿色。

2.取一小块红色糖泥,搓条,由小到大切成7至10个剂。取最小的一个剂搓成枣核状的玫瑰花心,然后将下好剂的糖泥在手中分别揉细腻,再搓成椭圆形后,用大拇指将其按成薄片状即成花瓣。

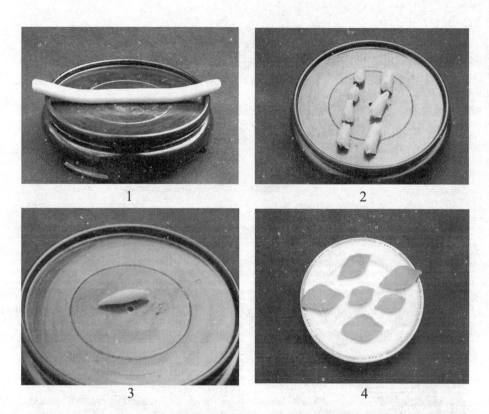

3.左手拿花心,右手的大拇指、食指拿花瓣的下端,包住花芯,然后将花瓣分二至三层粘在花芯周围。花瓣应逐层增加,层与层间应相互交错粘贴。粘贴时,应当用手将每片花瓣的上部边缘向外后方向卷一下,使其更像盛开的玫瑰花。

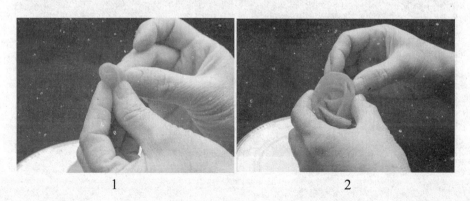

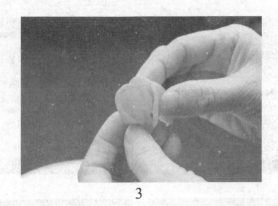

3

4.取一小团绿色杏仁糖泥,搓成长圆锥体形,压扁,再用牙签压出叶脉,然后将其装饰在花的两侧。

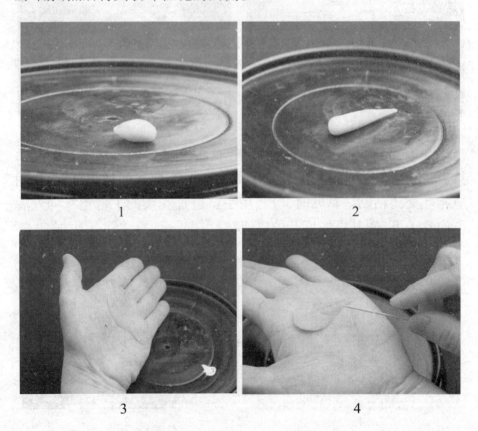

1 2

3 4

5.根据需要可制作其他各式花朵。

形象逼真 色彩艳丽

【拓展空间】

练习制作五瓣花

1.花瓣的制作:将糖泥调成粉红色并分成3克的小圆点,搓成小雨滴形状。用整形棒压入小雨滴中间,然后用剪刀将其剪成五瓣,用整形棒压一下每一片花瓣,即成。

2.花蕊的制作:将粉红色糖泥分成2克的小圆点2个,然后搓成长橄榄形,从中间对折,将花蕊用铁丝夹入。

3.五瓣花的组合:将花蕊穿入花瓣中间,铁丝部分用绑纸绑好即可。

【温馨提示】

1.为保证调制好的糖泥颜色纯正,调制糖泥所用各种器具及案台必须干净。

2.根据实际需要,可往糖泥中添加食用色素或食用香精。调色时,应由浅到深,一定要揉匀,防止出现色斑。

3.制作花时,花瓣一定要逐渐增大,花瓣层与层之间要相互交错,横向粘贴。

【友好建议】

1.一般选用较白净的糖泥。不要使用铝制品器具,它们会使糖泥变色。

2.一般安排6课时:2课时,教师进行讲解示范;2课时,学生练习;2课时,学生进行创新练习。

【考核标准】

考核项目	考核要点	分值
制作糖泥玫瑰花	调制好的糖泥细腻光滑、无颗粒、软硬度合适	30
	色泽均匀、亮丽、无色斑	25
	用捏、拼、摆等方法进行整体造型 造型美观、形态逼真	25
	60分钟内完成	20
总　分		100

三、糖泥小熊

【技能训练】

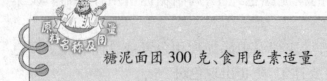

糖泥面团300克、食用色素适量

1.将糖泥分块,分别调上大红、褐色和黑色等。

2.取一块褐色面团,搓圆,由小到大切成 7 至 10 个面剂。取最大的一个搓成枣核状做小熊的身体,然后将第二大的面团搓圆做小熊的头,再用四个面团,搓长,做小熊的手脚,最后用两个小圆球做小熊的耳朵。

3.取两小块黑色面团,搓圆,做小熊的眼睛。取三小块褐色面团,搓圆,安成嘴巴。

4.最后用红色面团捏成领结形状,再用牙签压出纹路,然后将其装饰在小熊的脖子处。小熊可站、可坐、可卧。

活泼可爱　小巧精致

【拓展空间】

练习制作糖泥水果

1.将糖泥分块,分别调上大红色、柠檬黄色、橙色、翠绿色和褐色等。

2. 苹果的制作:取一块红色糖泥,搓圆成苹果形。取一小团绿色糖泥,搓成长圆锥体形,压扁,用牙签压出叶脉,然后将其装饰在苹果顶部,即可。

3.草莓的制作:取一块红色糖泥,搓成草莓形。用整形棒刻出草莓根茎,放入白糖中滚一下。取一小团绿色糖泥,压扁,用牙签压出五角形叶脉,然后将其装饰在草莓顶部,即可。

4.香蕉的制作:取一块黄色杏仁糖泥,搓成长条形,一端用绿色糖泥做成香蕉蒂,整形,将几个香蕉捏在一起,即可。

5.根据需要可捏制其他各式水果。

【温馨提示】

1.为保证调制好的糖泥颜色纯正,调制糖泥所用各种器具及案台必须干净。

2.根据实际需要,可往糖泥中添加食用色素或食用香精。调色时应由浅到深,一定要揉匀,防止出现色斑。

3.捏制前,一定要将糖泥揉光滑后再进行造型。

【友好建议】

1.糖泥与空气接触后很快就会变干,组装和装饰前,应给糖泥盖上湿布或将其储存于密封容器内。

2.糖泥制品练习不是几节课就可以完成的事儿,需要在以后的学习中不断练习。

3.一般安排6课时:2课时,教师进行讲解示范;2课时,学生练习;2课时,学生进行创新练习。

【考核标准】

考核项目	考核要点	分值
制作 糖泥小熊	调制好的糖泥细腻光滑、无颗粒、软硬度合适	30
	色泽均匀、亮丽、无色斑	25
	用捏、拼、摆等方法进行整体造型 造型美观、形态逼真	25
	60 分钟内完成	20
总　分		100

模块 24　　水果装饰

【知识要点】

要点 1:水果装饰

水果装饰,是指将各种水果雕切成各种形状,并根据各种水果的不同色泽进行组装,最后刷上一层果胶,然后用于各种蛋糕、甜点的装饰。这种装饰方法简单、好看,其成品具有较高的营养价值。

要点 2:水果装饰的种类

1.罐装水果:水果无果皮,加有食用色素,果肉色泽鲜艳,滋味甜香。水果质地柔软,果肉块小,影响切制成型。

2.新鲜水果:水果有果皮,果肉色泽鲜艳、营养丰富,个别滋味微酸,带涩。水果质地结实,易于切制成型。切制好的水果必须经淡盐水浸泡。

要点 3:常用工具

制作水果装饰物的常用工具,如水果刀、锯齿刀、槽刀、雕刀、挖球勺、塑料菜板等。

一、罐装水果装饰——水果蛋塔

【技能训练】

成品蛋塔 10 个、水果 150 克

1.将罐装水果去除糖水,沥干水分。

2.将水果切角、切扇形,或用抹刀、锯齿刀将黄桃划切成数等份。

3. 将切好的水果摆放在已制好的椰塔上即可。

色彩艳丽　口感香滑

【拓展空间】

1.可用此法制作菠萝蛋塔、猕猴桃蛋塔、水果塔等。

2.可同时用多种水果制作蛋塔、水果塔。

【温馨提示】

1.不管是罐装水果还是新鲜水果,肉质一定要紧实才利于切割成型。

2.为防止水果变干,可先将新鲜水果划切成数等份,食用前再将水果切开。

3.分层切整个水果时,应注意控制锯齿刀的推拉力度。

【友好建议】

1.选用罐装水果时,应尽量选用生产日期较近的。水果越新鲜越好。

2.切罐装水果时,应小心轻力,也可不改刀。

3.为尽快学会合理组装水果,学生应多动手操作实践。

4.一般安排6课时:2课时,重点进行刀工的练习;2课时,重点进行点缀、装饰、整体造型的练习;2课时,进行拓展练习。

二、新鲜水果装饰——草莓蛋糕

【技能训练】

成品蛋糕1磅约454克、草莓500克、细盐5克、凉开水500克

1.选用新鲜且色泽鲜艳的草莓,洗净,沥干水分。

2.将洗好的草莓置于淡盐水中浸泡10分钟。

3.用直刀将草莓一分为二或切薄片。

4.将切好的草莓摆放在已制好的蛋糕上即可。

色彩鲜艳　果香浓郁

187

【拓展空间】

1.一般情况下,可同时用多种水果制作蛋糕、水果塔。

2.可根据水果性能,合理组装水果,运用不同手法雕切出各种动物和花草图案。

【温馨提示】

1.为防止水果变干,可先将新鲜水果划切成数等份,食用前再将水果切开。

2.分层切整个水果时,应注意控制锯齿刀的推拉力度。

【友好建议】

1.选用的水果越新鲜越好。

2.果酸含量高的新鲜水果,一切开就应马上放入盐水中浸泡,以免水果变色。

3.切水果时一定要一刀下去,一气呵成。中途停顿次数越多,完成时就越不平顺。

4.合理组装水果的练习不是几节课就可以完成的事儿,老师应在以后的学习中反复强调,让学生多动手操作实践。

5.一般安排6课时:2课时,重点进行刀工的练习;2课时,重点进行点缀、装饰、整体造型练习;2课时,进行拓展练习。

【考核标准】

考核项目	考核要点	分值
水果装饰	刀法娴熟、刀口平整光滑	30
	造型美观、形态均匀	25
	装饰美观,能用各种方法点缀、装饰整体造型完美	25
	30 分钟完成成品制作	20
总　分		100

模块 25　练习制作姜饼和装饰面包

【知识要点】

要点 1：姜饼

姜饼，是饼干的一种，其和饼干的区别在于姜饼中加入了姜泥。它是圣诞节中不可缺少的食品。

要点 2：装饰面包

装饰面包，多用于展示宣传。它与一般的面包不同，在制作时，面团内只有少数酵母或没有酵母，不需要经过发酵就可直接成型烘烤。其质地坚实，水分含量少，存放时间长且不会变质。

要点 3：常用工具

制作姜饼和装饰面包时，常用到秤、刮刀、烤炉、蛋刷、模子、小刀、剪刀、不锈钢盘等工具。

一、姜 饼

【技能训练】

起酥油 190 克、糖粉 190 克、鸡蛋液 110 克、低筋粉 500 克、苏打粉 7 克、姜泥 10 克、丁香碎 1 克、糖蜜 300 克、肉桂粉 2 克、盐 2 克

1.原料搅拌:将起酥油放入搅拌器中,用中速搅拌 10 分钟至光滑均匀。待起酥油乳化至发白后,加入糖粉中速搅拌 2 分钟,再加入糖蜜用中速搅拌 3 分钟,最后分 2~3 次加入鸡蛋液,中速搅拌均匀,然后加入面粉和苏打粉搅拌均匀。

2.调味成团:加入盐、姜泥、肉桂粉和丁香碎搅拌均匀,取出静置 10 分钟。

3.印模成型:将面团擀开成 1 厘米厚的皮,用圆形、星形、圣诞树形、环形或椭圆形等模子印出不同的饼形,放在垫有高温布或涂过油并撒上面粉的烤盘上。

4.烘焙成熟:预热烤炉,温度控制在面火 180℃、底火 160℃,将烤盘放入烤箱中烘烤 20 分钟,至生坯呈浅金黄色。

5.冷却定型:从烤箱中拿出饼干,放在不锈钢台上冷却定型。

酥香味浓　松脆可口

【拓展空间】

练习制作圣诞屋

1.将姜饼面皮制成长 8~10 厘米、宽 5 厘米、厚 1 厘米的饼干,用于制作圣诞屋的墙壁和屋顶。再根据屋子的大小,用 2 厘米厚的面皮裁割出门、拉手及 2~3 个窗户和长度不等的栅栏。

2.用木板钉一个小木房,将长方形姜饼用糖胶或乳白胶按从下至上的顺序交错地粘在小木房的外墙壁、屋顶和烟囱上,将门、窗和栅栏也粘在固定的地方。

3.在屋顶、窗缘、门前四周用棉花装饰成雪花铺在上面,门前装一棵圣诞树,房子的四周放上一些包装好的礼品,最后用彩灯点缀。

【温馨提示】

1.姜饼印模成型后,应将小饼和大饼分开装入烤盘,分别用不同的温度烘烤:大饼用面火 180℃、底火 150℃ 烘烤,小饼用面火

190℃、底火170℃烘烤。

2.除用模子成型外,还可用手捏制些人或动物等形状的小饼。

3.可用巧克力、果酱、枫糖、果仁、糖珠或水果软糖等原料组成笑脸、爱心、圣诞花、花环等进行装饰。

【友好建议】

1.调制原料时,糖粉和糖蜜应分开加入,否则难以搅拌均匀且容易结块或沉底。

2.注意控制好搅拌面糊的时间,搅拌过度,面团会起筋,成品将偏硬不酥。

3.一般安排7课时:3课时,教师示范;2课时,学生练习;2课时,用各种原料点缀姜饼。

二、装饰面包

【技能训练】

面包粉500克、低筋粉165克、盐12克、牛油60克、酵母2克、水330克

1.装饰面包面团的调制方法同其他面包面团的调制方法一样。

2.将面团静置20分钟,然后用压面机压平整,用刀裁出宽1～1.5厘米、长50～60厘米的面条,将25～30根面条横着放在一个直径40厘米的不锈钢盘子上,再竖着交错编入25～30根面条,编成一个直径35～40厘米的平面篮子。最后将多余的面条用剪刀剪去。

3.将余下的面团用压面机压平整,用擀面棍擀成 0.2 厘米厚。用直径 5 厘米的圆吸压出圆形,供制作玫瑰花时用。

4.将圆形面皮的前缘压薄,先做一个花心,再拿一片包裹花心。第三片从第二片的 1/3 处开始包,第四片从第三片的 1/3 处开始包。用同样的方法包裹 7~8 片,然后用剪刀剪去多余部分。整理花瓣,每片可向外稍翻。用同样方法做出 12 朵玫瑰花,再用余下的面片做些叶子,用于装饰。

5.在编好的篮子上刷上一层蛋黄,将玫瑰花和叶子装于篮子中间,并在花和叶子上也刷上蛋黄。

6.预热烤炉,面火控制在 210℃、底火控制在 190℃。放入生坯,烘烤 1~1.5 小时至成品金黄。

整体饱满　色泽金黄

【拓展空间】

练习制作麦穗

将面搓成中间细、两头椭圆的长条,从中间切段,用剪刀在椭圆

194

处剪出麦穗形,然后用一根面条将 6~8 根麦穗扎在一起,刷上蛋黄,烤好即可。

练习制作乌龟

取 50 克面团揉成椭圆形,压扁,作为乌龟的底盘。用 50 克面搓成圆条做乌龟的身体、四肢及头尾。注意每个脚要做出 5 个爪子,用牙签压出、画出或刻出乌龟的头、眼睛、鼻子和嘴巴,分别安在相应的地方。再用 60 克面揉成椭圆形,压扁,在上面用牙签压出龟背纹和裙边,呈弧形向下盖在乌龟的身体上,刷蛋黄烘烤即可。

【温馨提示】

1.搅拌面团时,搅拌至光滑即可,搅拌太久则筋力过大,不宜成型。

2.制作花瓣时,面皮不能太厚。

3.卷花瓣时,不要卷得太紧。如果面团干硬,粘不上,可在面团上洒少许水或刷一层蛋液,再进行组装。

【友好建议】

1.调制面团时,应注意控制水量。水量过少,则面团过硬,组装易松散;水量过多,则面团过软,不易成型,组装中易塌斜。

2.最好在蛋液中加少许蛋清和色拉油以增加光亮度,但不要刷得太厚,以免盖住成品的纹路。

3.鼓励学生多找图案,运用捏、搓、辫、剪、刻、拼装等手法进行创作。

4.一般安排 10 课时:4 课时,教师示范;3 课时,学生练习;3 课时,拓展练习。

【考核标准】

考核项目	考核要点	分值
姜饼、装饰面包	软硬度合适、光滑、无颗粒	20
	手法熟练、能运用多种成型方法	30
	姜饼酥松、可口 装饰面包紧密坚实、不松散	20
	符合卫生标准,无异味和杂质	10
	120分钟内完成	20
总　分		100